码上学技术·农作物病虫害快速诊治系列

柑橘病虫害
诊断与防治原色图谱

夏声广 编著

U0380616

中国农业出版社

北京

图书在版编目（CIP）数据

柑橘病虫害诊断与防治原色图谱/夏声广编著. —
北京：中国农业出版社，2021.9（2024.12重印）
（码上学技术.农作物病虫害快速诊治系列）
ISBN 978-7-109-28265-0

Ⅰ.①柑… Ⅱ.①夏… Ⅲ.①柑桔类-病虫害防治-
图谱 Ⅳ.①S436.66-64

中国版本图书馆CIP数据核字（2021）第093106号

GANJU BINGCHONGHAI ZHENDUAN YU FANGZHI
YUANSE TUPU

中国农业出版社出版
地址：北京市朝阳区麦子店街18号楼
邮编：100125
责任编辑：阎莎莎 张洪光
版式设计：杜 然 责任校对：吴丽婷 责任印制：王 宏
印刷：北京中科印刷有限公司
版次：2021年9月第1版
印次：2024年12月北京第3次印刷
发行：新华书店北京发行所
开本：880mm×1230mm 1/32
印张：5
字数：150千字
定价：39.00元

Foreword
前 言

柑橘是我国重要的果树之一，分布在我国中、南部的 17 个省份，2019 年我国柑橘种植面积为 4 155.23 万亩*，柑橘总产量 4 365.57 万吨，柑橘种植面积和产量均居世界第一，柑橘生产已成为目前我国许多地区发展农村经济的支柱性产业之一。然而，在柑橘生产和贮运过程中，病虫害的发生不仅有其广泛性和普遍性，而且种类繁多，为害严重，对柑橘生产安全构成了直接威胁，同时也影响柑橘品质，造成很大的经济损失，成为影响柑橘生产的主要障碍之一。柑橘病虫害的识别与防治技术既是橘农急需解决的实际问题，又是基层农技人员工作的难点，柑橘病虫害原色生态图谱是普及病虫害识别知识、提高农民对病虫害诊断与防治能力的有效手段。做好柑橘病虫害的正确诊断，有助于科学开展柑橘病虫害防治，有利于农药减量控害，降低农药残留，提高柑橘的品质和产量，确保柑橘质量安全。

本书从柑橘生产实际需要出发，总结近年来柑橘病虫害防治研究和生产第一线技术推广的实践经验，汲取众家精华，力求科学性、先进性、实用性和技术集成化、"傻瓜"化。内容包括柑橘侵染性病害（真菌、细菌、病毒、线虫）、非侵染性病害及柑橘害虫的诊断和综合防治。《柑橘病虫害防治原色生态图谱》出版以来，得到了广大读者朋友厚爱，实现了多次印

---

* 亩为非法定计量单位，1 亩=1/15 公顷。全书同。——编者注

刷。应中国农业出版社之邀，在原有基础上扩容优选，不仅新增了病虫害种类，而且新增和更换了病虫特征及为害状图片，新增展示病害田间症状、害虫特征及防治要点的短视频，给读者更直观的阅读体验。全书共提供100余种柑橘主要病虫害的诊断与防治技术，450多幅高质量生态原色图谱（基本由夏声广拍摄），逼真地再现了各种柑橘常见病虫的不同形态和为害症状，直观生动，图文并茂，新颖实用，文字简洁，通俗易懂，易学、易记。适合基层农技推广部门、农药厂商、农资供销商、庄稼医院和橘农使用，也可供高等院校学生作为病虫识别的参考书，或作为基层优质柑橘生产培训教材。

柑橘分布范围广，地区之间差别大，加之编写的时间仓促，限于笔者实践经验和专业技术水平有限，书中疏漏之处在所难免，恳请有关专家、同行、广大读者不吝指正。

夏声广

2021年4月

Contents
目　录

前言

■ 一、柑橘病害 1

　1. 柑橘生长期侵染性病害 1

　　柑橘黄龙病 1

　　柑橘黄脉病 4

　　温州蜜柑萎缩病 6

　　柑橘溃疡病 7

　　柑橘疮痂病 9

　　柑橘树脂病 11

　　柑橘炭疽病 14

　　柑橘脂点黄斑病 16

　　柑橘芽枝霉斑病 17

　　柑橘黑斑病 18

　　柑橘流胶病 19

　　柑橘白星病 20

　　柑橘灰霉病 21

　　柑橘煤烟病 21

　　苔藓 23

　　地衣 23

　2. 柑橘贮藏期侵染性病害 24

　　柑橘青霉病和绿霉病 24

　　柑橘黑色蒂腐病 26

　　柑橘褐色蒂腐病 26

柑橘黑腐病 …………………………………………………… 27

柑橘酸腐病 …………………………………………………… 28

3. 柑橘生理性病害 29

柑橘油斑病 …………………………………………………… 29

柑橘果实日灼病 ……………………………………………… 30

柑橘裂果病 …………………………………………………… 31

柑橘冻害 ……………………………………………………… 31

柑橘缺硼 ……………………………………………………… 32

柑橘缺锌 ……………………………………………………… 33

柑橘缺铁 ……………………………………………………… 34

柑橘缺锰 ……………………………………………………… 34

二氧化硫污染 ………………………………………………… 35

■ 二、柑橘害虫 …………………………………………………… 37

1. 以为害叶片为主的害虫 …………………………………… 37

柑橘全爪螨 …………………………………………………… 37

柑橘始叶螨 …………………………………………………… 40

柑橘锈瘿螨 …………………………………………………… 42

矢尖蚧 ………………………………………………………… 44

吹绵蚧 ………………………………………………………… 46

红蜡蚧 ………………………………………………………… 48

长白盾蚧 ……………………………………………………… 49

褐圆蚧 ………………………………………………………… 51

椰圆蚧 ………………………………………………………… 52

柑橘小粉蚧 …………………………………………………… 53

柑橘褐软蚧 …………………………………………………… 54

柑橘绵蚧 ……………………………………………………… 55

堆蜡粉蚧 ……………………………………………………… 56

黑刺粉虱 ……………………………………………………… 57

柑橘粉虱 ……………………………………………………… 59

柑橘木虱 ……………………………………………………… 61

橘蚜 …………………………………………………………… 62

棉蚜 …………………………………………………………… 65

橘二叉蚜 ……………………………………………………… 66

绣线菊蚜 ·· 67

蓟马 ··· 69

麻皮蝽 ··· 70

稻绿蝽 ··· 71

柑橘凤蝶 ·· 73

玉带凤蝶 ·· 75

柑橘潜叶蛾 ·· 77

黄刺蛾 ··· 80

扁刺蛾 ··· 82

褐刺蛾 ··· 83

油桐尺蠖 ·· 85

褐带长卷叶蛾 ··· 87

拟小黄卷叶蛾 ··· 89

小蓑蛾 ··· 90

柑橘灰象甲 ·· 91

棉蝗 ··· 92

中华稻蝗 ·· 93

短额负蝗 ·· 94

恶性叶甲 ·· 96

柑橘潜叶甲 ·· 98

枸橘潜叶甲 ·· 100

2. 以为害枝干为主的害虫 ························· 103

星天牛 ··· 103

褐天牛 ··· 106

光盾绿天牛 ·· 108

柑橘爆皮虫 ·· 110

六星吉丁虫 ·· 113

柑橘溜皮虫 ·· 114

豹蠹蛾 ··· 115

黑蚱蝉 ··· 117

蟪蛄 ··· 119

八点广翅蜡蝉 ··· 120

柿广翅蜡蝉 ·· 122

碧蛾蜡蝉 ·· 123

白蛾蜡蝉 ······· 124

斑衣蜡蝉 ······· 125

黑翅土白蚁 ······· 126

3. 以为害花果为主的害虫 ······· 127

棉铃虫 ······· 127

柑橘花蕾蛆 ······· 130

小青花金龟 ······· 132

斑喙丽金龟 ······· 133

白星花金龟 ······· 134

桃蛀螟 ······· 135

橘大实蝇 ······· 137

橘小实蝇 ······· 137

柑橘吸果夜蛾 ······· 139

（1）鸟嘴壶夜蛾 ······· 140

（2）枯叶夜蛾 ······· 141

（3）玫瑰巾夜蛾 ······· 142

（4）小造桥虫 ······· 142

同型巴蜗牛 ······· 143

野蛞蝓 ······· 144

三、柑橘害虫天敌 ······· 146

参考文献 ······· 152

一、柑橘病害

1.柑橘生长期侵染性病害

柑橘黄龙病

柑橘黄龙病又名黄梢病，病原为细菌。黄龙病是柑橘上的重要病害，能使整片橘树被毁，其病原菌为国内主要植物检疫对象。柑、橘、橙、柠檬和柚类均可感病，尤其以椪柑、蕉柑、福橘等品种发病重，橙类耐病力较强。

病原学名：*Candidatus* Liberobacter asiaticus

症状：始发病树在树冠中发生若干黄梢，其黄化叶片可分为均匀黄化、斑驳型黄化、缺素型黄化三种类型。常在整片橘园中出现个别或部分植株树冠上少数枝条的新梢叶片黄化，果农称"鸡头黄"。病树落叶，树冠稀疏，不定时抽梢，枯枝多。果实变小，畸形（如变长或果形歪斜），着色不均，果蒂附近提早变橙红色，俗称"红鼻子果"。

柑橘黄龙病斑驳型黄化叶片

柑橘黄龙病斑驳叶片

柑橘黄龙病斑驳型黄化枝梢　　　　　　柑橘黄龙病新梢叶片黄化

柑橘黄龙病病叶均匀黄化

柑橘黄龙病黄梢

柑橘黄龙病树冠黄化

柑橘黄龙病病果

柑橘黄龙病前期病果着色不均匀

柑橘黄龙病引起果面着色不均

柑橘黄龙病红鼻子果

柑橘黄龙病严重为害状

发生规律：该病全年均可发生，以夏、秋梢发病最多，春梢发病次之。通过嫁接传播，带病接穗或带病苗木是远距离传播的主要途径，田间自然传播媒介为柑橘木虱。

防治方法：①严格实行检疫制度。禁止病区的接穗和苗木流入新区和无病区。②建立无病苗圃，培育无病苗。苗圃应设在无病区或离柑橘园3千米以上，最好有天然条件（如山区、林区）阻隔。或用塑料网棚封闭式育苗。在建圃之前，还应铲除附近零星的柑橘类植物或九里香等柑橘木虱的寄主。③加强柑橘木虱的监测与防治，切断传播途径，是预防黄龙病流行的重要环节（详见木虱防治）。④及时挖除病树，坚持每次新梢转绿后全面检查黄龙病病株，发现一株挖除一株，不留残桩。

柑橘黄脉病

柑橘黄脉病是一种近年来发生的柑橘病毒病害，为害严重，寄主范围广，能够侵染大多数的柑橘种及杂种，包括柠檬、酸橙、香橼、甜橙、沙糖橘、蜜柚、温州蜜柑等，一般减产30%～50%，严重达70%。且能为害辣椒、豇豆、菜豆和藜麦等草本植物。

病原学名：*Citrus yellow vein clearing virus*，CYVCV

症状：感染柑橘黄脉病后，植株大部分长势较弱，叶片出现皱缩、反卷，侧脉黄化、脉明，叶背水渍状。在透光的情况下可观察到叶脉透明、叶脉黄化及在侧脉附近叶肉上产生不同长度的长条形黄斑等症状。在嫩叶上伴随着叶片反卷和皱缩畸形，严重时在叶背面出现叶脉棕褐色等症状，

柑橘黄脉病侧脉黄化

柑橘黄脉病主、侧脉黄化

柑橘黄脉病树冠症状

柑橘黄脉病全树叶片黄化、衰弱

在柠檬嫩叶背面侧脉附近偶尔会观察到水渍状条形斑，偶尔伴随有老叶上环斑、脉间坏死和叶脉木栓化等症状的产生。老熟叶片黄化症状消退、部分转绿，但叶片皱缩症状不能恢复，且对光看黄脉依然明显。后期引起叶片脱落，导致少果、产量降低，甚至绝收。

　　发生规律：柑橘黄脉病由柑橘黄化脉明病毒（CYVCV）引起，CYVCV是 α-线性病毒科柑橘病毒属的新成员。柑橘黄脉病通过带病苗木、接穗传播，是最主要的初次传播途径，此外，还可通过柑橘粉虱等媒介昆虫进行传播，使用被柑橘黄脉病毒污染的工具也是重要的传播途径。植株感病后，其春、秋梢嫩叶表现明显症状，夏梢症状较弱。顶部枝条叶片上症状明显比中部和下部枝条症状严重，且表现的脉明症状会随着叶片的老熟逐渐减轻，甚至消失。以柠檬、酸橙等受害最为严重，宽皮柑橘、墨西哥莱檬和葡萄柚最耐病。

　　防治方法：①及时处理病树，严重者应及时挖掉。鉴于目前没有防治柑橘黄脉病的有效药剂，对于果园中已经感病的病树，建议彻底铲除，避免感染大面积健康的果园。②选择健康无病毒的苗木。③截断传播途径。对没有发生柑橘黄脉病或零星发生的果园，要及时、系统地防控柑橘粉虱和绣线菊蚜等传播媒介，尤其是抓住春梢和夏梢期等重要时期的害虫防治，药剂参考柑橘蚜虫。同时，在使用枝剪以及采摘工具等可造成伤口的农具之前，先用现配的1%次氯酸钠或饱和的肥皂水溶液擦拭工具进行消毒，杜绝随农事操作进行传播。④注意排水，减少土壤湿害；配方施肥，不能偏施氮肥，合理增施微量元素，如硼、铁、钙、镁、硅等，使用生物菌肥，控制徒长枝。⑤严格清园。在补栽新种苗木前需用杀虫剂对果园进行清园，同时清除果园中的豆科作物和龙葵等杂草。⑥对于发病周围未感染柑橘黄脉病的苗木，可选用25%噻虫嗪水分散粒剂6 000倍液+6%氨基寡糖·链蛋白可湿性粉剂1 000倍液+0.136%赤·吲乙·芸苔可湿性粉剂10 000 ~ 12 000倍液+生物菌肥750 ~ 1 000倍液，以减少传播源，增强苗木树势，提高对黄脉病的免疫力。

温州蜜柑萎缩病

病原学名：*Satsuma dwarlf virus*，SDV

症状：该病最典型的症状是在春梢上产生船形叶或匙形叶，但在夏、秋梢上几乎看不到症状。造成新梢黄化，新叶斑驳，但随叶片的硬化而消失。叶片往往皱缩，节间缩短，全株矮化，枝叶丛生，严重时开花多结果少，果实小而畸形，蒂部果皮变厚。果梗部隆起成高桩果，果实品质变劣。准确的诊断应通过草本指示植物（常用的有白芝麻、黑眼豇豆、美丽菜豆等）接种和血清学［常用的有酶联免疫吸附测定（ELISA）法］鉴定来判定。

温州蜜柑萎缩病船形叶

发生规律：此病为病毒病害，主要通过嫁接和汁液传播，远距离传播主要通过带病的接穗和苗木运输。主要为害温州蜜柑、脐橙、伊予柑等。

防治方法：①加强检疫。②从无病的母本树上采穗。将带毒母树置于白天40℃、夜间30℃（各12小时）的高温环境热处理42 ~ 49天后采穗嫁接，或用上述温度热处理7天后取其嫩芽作茎尖嫁接可脱除该病毒。③及时砍伐重症的中心病株，并加强肥水管理，增强轻病株的树势。④病园更新时进行深耕。

柑橘溃疡病

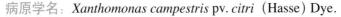

柑橘溃疡病为细菌病害，其病原菌是国内外植物检疫对象。该病为害叶片、枝梢、果实及萼片，以苗木、幼树受害严重。

病原学名： *Xanthomonas campestris* pv. *citri*（Hasse）Dye.

症状： 叶片上先出现针头大小的浓黄色油渍状圆斑，接着叶片正反面隆起，呈海绵状，随后病部中央破裂，木栓化，呈灰白色火山口状。病斑多为近圆形，常有轮纹或螺纹，周围有一暗褐色油腻状外圈和黄色晕环。果实和枝梢上的病斑与叶片上的相似，但病斑的木栓化程度更为严重，火山口状开裂更为显著，枝梢受害以夏梢最严重，严重时引起叶片脱落，枝梢枯死。

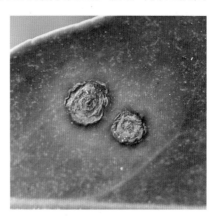

柑橘溃疡病病叶正面

发生规律： 病菌在叶、枝梢及果实的病部越冬，翌年春条件适宜时从病部溢出，借风雨、昆虫和枝叶相互接触作短距离传播，经寄主的气孔、皮孔和伤口侵入，远距离传播则主要通过带菌苗木、接穗和果实。高温多雨季节、台风有利于病菌的繁殖和传播。一般甜橙最易感病，酸橙、柚、枳和枳橙类次之，宽皮柑橘类较耐病，金柑则抗病。在浙江橘区春梢的发病高峰在5月中旬，夏梢发病高峰在6月中旬，秋梢发病高峰在9月下旬至10月初，尤以夏梢最严重。

防治方法： ①严格执行植物检疫制度，防止传播蔓延。②建立无病苗圃，培育无病苗木。③减少果实和叶片损伤，及时防治潜叶蛾等害虫，减少病菌侵入的伤口。④喷药保护嫩梢及幼果。重点保护夏、秋梢抽发期和幼果期。苗木和幼龄树以保梢为主，在春、夏、秋梢萌发后20～30天各喷药1～2次。结果树以保果为主，在花谢后10天、30天、50天各喷药1次。台风过后应立即进行防治。药剂可用20%噻菌铜悬浮剂500倍液，或47%春雷·王铜可湿性粉剂600～800倍液，或77%氢氧化铜可湿性粉剂600倍液，或45%春雷·喹啉铜悬浮剂1 200～1 600倍液。④冬季做好清园工作，剪除病虫枝叶，收集落叶、枯枝、落果，集中销毁，减少病原。

柑橘溃疡病病叶背面

柑橘溃疡病严重为害叶片

柑橘溃疡病为害新梢

柑橘溃疡病为害老枝

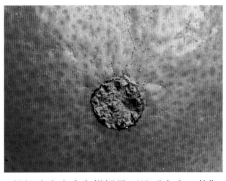

柑橘溃疡病为害柑橘果面呈"火山口状"

柑橘溃疡病严重为害果实

柑橘疮痂病

柑橘疮痂病又名癞头疤，是宽皮柑橘重要病害之一，主要为害新梢、叶片和幼果，也可为害花器。

病原学名：有性世代为 *Elsinoe fewcetti*，无性世代为 *Sphaceloma fewcetti*

症状：初期叶片上为油渍状的黄色小点，后病斑逐渐增大，后期病斑木栓化，受害叶片向背面突起，叶面则凹陷，形似漏斗，表面粗糙，严重时叶片畸形或脱落。春梢初展时最易感病，新梢受害症状与叶片相似，但突起不明显，枝梢短小扭曲。果实发病症状在谢花后不久即出现，开始为褐色小点，以后在果皮上长出许多散生或群生的瘤状突起，稍大的果实发病产生黄褐色木栓化的突起，病部果皮组织一大块坏死，呈癣皮状剥落，下面的组织木栓化。

柑橘疮痂病受害叶片向背面突起

柑橘疮痂病叶面凹陷，形似漏斗状

发生规律：病菌以菌丝体在病枝、叶上越冬，分生孢子借风雨传播，有发芽管侵入春梢嫩叶、花和幼果，远距离传播则通过带病的苗木和接穗。一般橘类最易感病，酸橙、柠檬、枳壳、柑类、柚类等次之，甜橙类抗病力强。在浙江橘区，疮痂病在春梢和幼果期发生严重，夏、秋梢时期高温干旱，发轻病。在适温范围内连绵阴雨或清晨露重雾大，有利于病菌萌发侵入，导致该病大发生。

防治方法：①结合冬、春季修剪，剪除枯枝病叶和过密枝条，清除地面枯枝落叶。②药剂防治，以喷药保护为主，重点保护嫩叶和幼果。在春梢新芽萌动，芽长2～5毫米时喷药保护春梢，在谢花2/3时喷药保护幼果。

柑橘疮痂病为害严重时病斑相连

柑橘疮痂病严重为害状

柑橘疮痂病为害幼果

柑橘疮痂病为害膨大期果实

柑橘疮痂病造成果实黄褐色木栓化突起

柑橘疮痂病严重为害果实

药剂可选用77%氢氧化铜可湿性粉剂800倍液，或70%代森联水分散粒剂500～700倍液，或25%醚菌酯悬浮剂800～1000倍液，或60%唑醚·代森联水分散粒剂1000～2000倍液，或20%噻菌铜悬浮剂400～500倍液，或10%苯醚甲环唑水分散粒剂1000～1500倍液等，根据病情定喷药次数，一般隔10～15天喷1次。

柑橘树脂病

柑橘树脂病为害枝干、叶和果实。通常将侵染枝干所发生的病害叫树脂病或流胶病；侵染果皮和叶片所发生的病害叫黑点病或沙皮病；在贮藏期侵染果实发生腐烂的叫褐色蒂腐病。

病原学名：*Diaporthe medusaea*（Nitsehke）

症状：

流胶型：甜橙、温州蜜柑等品种枝干被害，初期皮层组织松软，有小的裂纹，水渍状，并渗出褐色胶液，有类似酒糟味。高温干燥情况下，病部逐渐干枯、下陷，皮层开裂剥落，木质部外露，疤痕四周隆起。

干枯型：在早橘、本地早、南丰蜜橘、朱红等品种上，枝干病部皮层红褐色干枯，略下陷，微有裂缝，不剥落，在病健部交界处有明显的隆起线，但在高湿和温度适宜时也可转为流胶型。病菌能透过皮层侵害木质部，被害处为浅灰褐色，病健部交界处有一条黄褐色或黑褐色痕带。

柑橘树脂病造成主茎裂皮

柑橘树脂病为害主干　　　　　　　　柑橘树脂病为害主枝造成枯枝

沙皮或黑点型：幼果、新梢和嫩叶被害，在病部表面产生无数的褐色、黑褐色散生或密集成片的硬胶质小粒点，表面粗糙，略为隆起，很像黏附

柑橘树脂病黑点型叶片症状　　　　　　柑橘树脂病黑点型前期病果

柑橘树脂病黑点型后期病果　　　　　　柑橘树脂病病黑点型病果

柑橘树脂病黑点型沙皮果　　　　　柑橘树脂病黑点型病果块状斑

着许多细沙。

褐色蒂腐型：见贮藏期侵染性病害。

发生规律：以菌丝体和分生孢子器内的分生孢子在病组织内越冬，枯枝和树干组织内的分生孢子成为翌年初次侵染的主要来源。柑橘遭受冻害或高温日灼后，易诱发树脂病。

沙皮或黑点型一般集中在5～9月发生，雨水多，尤其是长期阴雨会加重发病。老龄园、枯枝多的密植园，整枝修剪差或偏施氮肥的橘园，树冠内部光照通风条件差，易发病。梅雨季（6月中旬至7月中旬）和秋雨季（9月上中旬）是感病高峰期。

防治方法：①采果后及时增施氮、磷、钾肥，增强树势，提高抗逆力。低温降临前进行培土，霜冻前遇干旱及时灌水。②冬、夏树干涂白。在初冬、初夏用涂白剂涂刷树干。涂白剂（生石灰1千克、晶体石硫合剂100克、动植物油50克、食盐50～100克、水3千克）刷白，夏季可防日灼，冬季可降低树干的昼夜温差以减轻冻害。③病树刮治。于春季及时削除枝干上的病组织，伤口用843康复剂原液或嘧啶核苷类抗菌素5倍液、乙蒜素或96%硫酸铜原药100倍液涂抹，加速伤口愈合。④在春梢萌发前喷布0.8∶0.8∶100波尔多液，谢花2/3及幼果期各喷布80%代森猛锌可湿性粉剂600～800倍液，或40%氟硅唑乳剂6 000～8 000倍液，或35%氟菌·戊唑醇悬浮剂2 000～3 000倍液，或25%吡唑醚菌酯可湿性粉剂1 000～2 000倍液，或25%咪鲜胺乳油1 000～1 500倍液。

柑橘炭疽病

病原学名：*Colletotrichum gloeosprioides*（Peng）Sacc.

症状：主要为害叶片、枝梢、果实，也为害苗木、花及果梗。

叶片病斑分叶斑型和叶枯型，叶斑型又叫慢性型，多发生在老叶近叶缘处，病斑近圆形或不规则形，浅灰褐色，边缘褐色，病健部分界清晰。后期或天气干燥时病斑中部干枯，褪为灰白色，表面密生突起，排成同心轮纹状的小黑粒点。多雨潮湿天气，病斑上的黑粒点中溢出许多橘红色黏质小液点。

叶枯型又叫急性型，主要发生在雨后高温季节的幼嫩叶片上，多从叶缘和叶尖或沿主脉产生淡青色或暗褐色斑，颇似热水烫伤，后迅速扩展成水渍状波纹形大斑块，边缘不明显，病叶腐烂，常造成全株性严重落叶。病部组织枯死，多呈 V 形斑块，上有朱红色带黏性的小粒点。

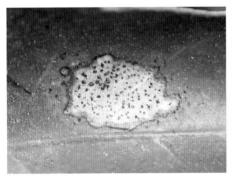

柑橘炭疽病叶斑型症状

柑橘炭疽病叶枯型症状

枝梢发病由梢顶或从中部叶柄基部腋芽处开始，病部初为淡褐色，椭圆形，后扩大为梭形，灰白色，病健交界处有褐色边缘，上散生许多黑色小点，病部环绕枝梢一周后，病梢即自上而下枯死。

柑橘炭疽病病斑扩展到环绕枝梢一周

　　幼果发病,病斑凹陷,其上有白色霉状物或朱红色小液点。后扩大至全果,成为僵果挂在树上。果实症状有干疤型、泪痕型、蒂枯型和软腐型。果梗受害初期褪绿,呈淡黄色,后变为褐色,干枯,果实随即脱落。

柑橘炭疽病蒂枯型症状　　　　　　　　柑橘炭疽病干疤型症状

　　发生规律: 病原菌是一种弱寄生菌,具有潜伏侵染特性,病菌主要以菌丝体在病枝、叶、果上越冬。该病在柑橘整个生长季节中均可为害,但有两个发病高峰:第一个发病高峰是7月上中旬至8月中旬,此期正是柑橘幼果期和夏、秋梢抽发期;第二个发病高峰是晚秋梢抽发和果实接近成熟期,容易引起果梗染病。

　　防治方法: ①做好肥水管理和防虫、防冻、防日灼等工作,并避免造成树体机械损伤,保持健壮的树势。剪除病枯梢、病果,清除地面的枯枝、落叶、病果,集中销毁。②喷药保护。一般可在每次抽梢期喷药1次,幼果期喷药2次,有急性型病斑出现时,立即进行防治。药剂可用80%代森锰锌可湿性粉剂600倍液、70%丙森锌可湿性粉剂600~800倍液、70%甲基硫菌灵可湿性粉剂800~1 000倍液,喷药保护新梢叶片和幼果。如果已经发现病斑(新梢嫩叶或幼果),可用10%苯醚甲环唑水分散粒剂2 000~2 500倍液,或20%咪鲜胺可湿性粉剂1 500~2 500倍液,或50%咪鲜胺锰盐可湿性粉剂1 000~2 000倍液,或40%氟硅唑乳剂8 000倍液,或75%肟菌·戊唑醇水分散粒剂4 000~6 000倍液,或25%嘧菌酯悬浮剂1 000~1 500倍液,或65.75%噁唑菌酮水分散粒剂800~1 200倍液,或40%双胍辛胺可湿性粉剂1 000~1 500倍液等防治。

柑橘脂点黄斑病

病原学名：*Mycosphaerella horri* Hara

症状：主要为害叶片和果实，有脂点黄斑型、褐色小圆星型和混合型3种症状。

脂点黄斑型：发生初期，叶背病斑上出现针头大小的褪绿小点，半透明，其后扩展成为大小不一的黄斑，并在叶背出现似疱疹状淡黄色突起的小粒点，以后形成褐色或黑褐色的脂斑。

柑橘脂点黄斑病脂点黄斑型叶正面症状　　柑橘脂点黄斑病脂点黄斑型叶背面症状

褐色小圆星型：发病初期出现芝麻粒大小的近圆形斑点，以后扩大变成圆形或椭圆形斑点，边缘凸起、色深，中间凹陷、色稍淡，以后变成灰白色，上有小黑点。

柑橘脂点黄斑病褐色小圆星型症状

混合型：在同一病叶上，同时发生脂点黄斑型和褐色小圆星型病斑夏梢受侵染后，最容易在叶片上出现混合型症状。果实受侵染后，在果皮上出现褐色小斑点，病菌不侵入果肉。

发生规律：病菌主要以菌丝体在病果、病叶和落叶内越冬。每年5～7月温暖多雨，是病菌侵染的主要时期。柑橘种类和品种中以红橘、早橘和朱红发病最重，甜橙、温州蜜柑等品种发病较轻。

防治方法：①加强栽培管理，提高植株抗病力。②冬季结合修剪，剪除病枝，收集落叶、落果，集中销毁，以减少病菌来源。③喷药保护。第一次（结果树在谢花2/3时、未结果树在春梢叶片展开后）、第二次可结合防治疮痂病进行，以后每隔15～20天左右喷1次药，直至6月下旬。药剂可用80%代森锰锌可湿性粉剂600～800倍液，或62.25%腈菌唑·代森锰锌可湿性粉剂600～800液，或35%氟菌·戊唑醇悬浮剂2 000～3 000倍液等。

柑橘芽枝霉斑病

病原学名：*Corynespora citricola* M.B.Ellis

症状：初期叶面散生带黄色晕环的圆形褐色小点，后病斑扩大，边缘稍隆起，深褐色，中部黄褐色，微凹，病斑圆形或近圆形，潮湿时病斑上密生黄褐色霉丛，病叶变黑褐色霉烂。

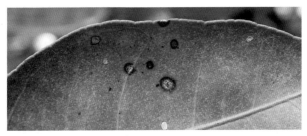

柑橘芽枝霉斑病病斑正面

发生规律：病菌以分生孢子在病叶和落叶上越冬，翌年通过气流传播蔓延。在春末夏初发病最重，高温季节发病较轻。一般柑橘春梢、成熟叶片受害较重；夏梢及嫩叶受害较轻。凡栽培管理差，其他病虫为害重的，以及地势低洼、积水、郁闭、通风透光不良的果园发病均重。

防治方法：冬季清除橘园地面落叶，并集中销毁，发病初期喷70%甲基硫菌灵可湿性粉剂1 000倍液，或50%多菌灵可湿性粉剂1 000倍液，连喷2～3次。

柑橘黑斑病

柑橘黑斑病又名为黑星病，主要为害果实，多发生在将近成熟的果实上。

病原学名：有性阶段为柑橘球座菌 [*Guignardia citricarpa* (Kiely)]，无性阶段为柑橘茎点霉 [*Phoma citricarpa* (McAlpine)]

症状：受害果面初呈紫红色圆形小斑，扩大后呈红褐色至黑褐色，边缘稍隆起，中间凹陷，灰褐色至灰白色，其上长有很多小黑粒。病斑直径一般以2～3毫米较多，一个果上可发生数个至数十个病斑，常导致落果。在贮运期间，病害会继续发生，引起全果腐烂。

柑橘黑斑病果面病斑

柑橘黑斑病多个病斑相连

柑橘黑斑病严重为害状

柑橘黑斑病后期病斑

发生规律：病原菌主要以子囊果、分生孢子器、菌丝体在病果、病叶和病枝上越冬。病原菌生长的适温为25℃。病原菌具有潜伏侵染特性，一般在谢花后的一个半月内侵入幼果内，7月底至8月初开始发病，8月下旬至10月上旬为果实发病高峰期。

防治方法：①清洁果园。在冬季结合修剪，剪除病枝、病叶，集中销毁，并喷施1波美度石硫合剂，以减少翌年病菌初侵染来源。②加强管理，合理配施氮、磷、钾肥，增强树势，提高抗病力。对于郁闭橘园，要施行大枝修剪，开"天窗"，改善通风透光条件。③喷药保护。在落花后15天左右喷1次药保护幼果，后每隔10～15天喷1次，连喷2～3次。药剂可参照柑橘脂点黄斑病。

柑橘流胶病

病原学名：*Phytophthora* sp.、*Fusarium* sp.、*Diplodia* sp.

症状：柑橘流胶病主要发生在主干上，其次为主枝，小枝上也可发生。病斑不定型，病部皮层变褐色，水渍状，并开裂和流胶。病树果实小，提前转黄，味酸。以高温多雨的季节发病重。

柑橘流胶病为害状

柑橘主枝流胶

柑橘根颈部流胶

发生规律：病菌以菌丝体和分生孢子器在病组织上越冬，翌年产生分生孢子借风雨、昆虫传播，从伤口侵入引起发病。伤口多，发病重。以高温多雨季节发病较重，3～5月和9～11月发病重。菌核引起的流胶以冬季为重。果园长期积水、土壤黏重、树冠郁闭有利其发生。

防治方法：①注意开沟排水，改良果园生态条件，夏季进行地面覆盖，冬、夏进行树干刷白，加强蛀干害虫的防治。②在病部采取浅刮深刻的方法，即将病部的粗皮刮去，再纵切裂口数条，深达木质部，然后涂以50%多菌灵可湿性粉剂100～200倍液，或25%甲霜灵可湿性粉剂400倍液，或用50亿菌落形成单位/克多黏类芽孢杆菌可湿性粉剂1 000～1 500倍液灌根或涂抹病斑。

柑橘白星病

病原学名：*Phyllostita* sp.

症状：柑橘白星病又称白圆星病，开始产生圆形褐色小斑点，后发展为直径3～6毫米、圆形、灰白色的病斑，病斑有暗褐色的边缘。病斑上散生许多黑色小点。叶柄发病可引起叶片落叶。

发生规律：病菌以分生孢子器或菌丝体在病残体上越冬，来年以分生孢子靠风雨传播，进行初侵染和再侵染。温暖潮湿的天气有利于发病。

防治方法：可在防治疮痂病时兼治。

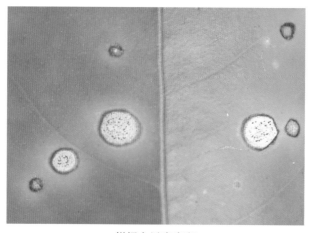

柑橘白星病病斑

柑橘灰霉病

病原学名：*Botrytis cineria* Pers.

症状：主要为害柑橘花、嫩叶和高度成熟的果实，受感染的花瓣先出现水渍状小圆点，随后迅速扩大为黄褐色的病斑，引起花瓣腐烂，并长出灰黄色霉层，当花瓣与嫩叶、幼果接触时则可使其发病，受害幼果易脱落。病菌以菌核及分生孢子在病部越冬，靠气流传播。

发生规律：病菌以菌核及分生孢子在病部和土壤中越冬，由气流传播。柑橘花期天气干燥时，发病轻或不发病，阴雨连绵则常发病重。

柑橘灰霉病成熟期病果　　　　　　柑橘灰霉病为害残留花

防治方法：①及时摘除病花，剪除枯枝，集中销毁。②开花前结合其他病害防治喷药保护，药剂可用50%异菌脲可湿性粉剂1 000～1 500倍液，或50%腐霉利可湿性粉剂1 500～2 000倍液，或50%啶酰菌胺水分散粒剂500～1 000倍液，或40%嘧霉胺悬浮剂1 000～1 500倍液。

柑橘煤烟病

病原学名：*Capnodium citri*（Mont.）

症状：主要发生在叶片、枝梢或果实表面，初出现暗褐色点状小霉斑，后继续扩大成绒毛状的黑色霉层，好似黏附着一层烟煤，后期霉层上散生午多黑色小点或刚毛状突起物。蚜虫、介壳虫及粉虱等害虫发生严重的柑橘园，煤烟病发生也重。种植过密，通风不良或管理粗放的果园发生重。

柑橘煤烟病严重为害叶片

柑橘煤烟病叶片上的黑色霉层　　　　　　柑橘煤烟病为害叶片

　　发生规律：此病由多种真菌引起，除煤炱菌是纯寄生菌外，其他均为表面附生菌。病菌以菌丝体及闭囊壳或分生孢子器在病部越冬，翌年春季孢子由霉层飞散，借风雨传播。枝叶密蔽，通风透光不良，管理粗放，施用氮肥过多的橘园发病严重。介壳虫、蚜虫、粉虱等昆虫发生严重的橘园易发病，且受害重。柑橘煤烟病全年都可发生，发病盛期在5～9月，8月中下旬为病菌上果为害关键时期。

　　防治方法：①合理密植和施肥，适当修剪，使果园通风透光良好，减轻发病。②在挂果的前期喷药防治蚜虫、介壳虫及粉虱等害虫，是防治该病的关键，药剂可参照蚜虫、介壳虫的防治技术。③在发病初期可喷施0.3%～0.5%倍量式波尔多液，或70%甲基硫菌灵可湿性粉剂600～800倍液，或50%乙霉威可湿性粉剂1 500倍液，或65%硫菌·霉威可湿性粉剂1 500～2 000倍液。④早春萌芽前喷施松碱合剂或柴油乳剂50倍液、机油乳剂60倍液

苔藓

症状：苔藓是一类绿色低等植物，它们以假根附着于枝干上吸收寄主体内的水分和养分。器官表面最初紧贴一层绿色绒毛状、块状或不规则的表皮寄生物，后逐渐扩大，最终包围着整个树干及枝条或布满整张叶片，削弱了植株的光合作用，致使树体生长不良，树势衰退。

苔藓为害状

防治方法：①在早春清园或苔藓发展蔓延时喷布松碱合剂（清园时用8～10倍液，生长期用12～15倍液），或0.8%～1%等量式波尔多液，或1%～1.5%硫酸亚铁溶液。②在患部涂上3～5波美度石硫合剂，或10%波尔多浆，或20%石灰乳。③结合修剪，去除发病枝条，或在雨后用刀、竹片等刮除树干上的地衣。

地衣

症状：地衣是真菌和藻类的共生物，以栽培管理粗放的老橘园发生较多，在被害的树干、枝条和叶片上，有一层表皮粗糙、灰绿色的叶状、壳状或不规则的地衣，扁平，边缘卷曲，有褐色假根，常连接成不定型薄片。严重时包围整个枝干，削弱树势。

防治方法：参照苔藓。

地衣为害状

2.柑橘贮藏期侵染性病害

甜橙类以青霉病、绿霉病、炭疽病为主，宽皮橘类以青霉病、绿霉病、黑腐病为主。柑橘常温贮藏以病理性病害为主；冷库贮藏以生理性病害为主。柑橘贮藏前期以青霉病、绿霉病为主；后期以黑腐病、炭疽病、蒂腐病为主。

柑橘青霉病和绿霉病

病原学名：青霉菌 [*Penicillium italicum*（Wehmer）] 和绿霉菌 [*Penicillium digitatum*（Saccardo）]

症状：青霉菌和绿霉菌侵染柑橘果实后，都先出现柔软、褐色、水渍状略凹陷皱缩的圆形病斑，2～3天后，病部长出白色霉层，随后在病部长出青色或绿色粉状霉层（病菌的分生孢子和分生孢子梗），但在病斑外围仍有一圈白色霉带。病健交界处仍为水渍状环纹。在高温高湿条件下，病斑迅速扩展，深入果肉，致全果腐烂。柑橘贮藏初期（11～12月）多发生青霉病，贮藏后期（3～4月）多发生绿霉病。湿度95%～98%有利于两病的发生。两种病害症状区别如下。

青霉病病果表面青色霉层，外围白色霉带　　　　绿霉病全果发生状

绿霉病严重发生状

绿霉病外围白色霉带较宽

绿霉病果面黏连

佛手绿霉病症状

青霉病和绿霉病的症状比较

项目	青霉病	绿霉病
孢子丛	青色，可发生于果皮、果肉和果心间隙	绿色，只发生于果皮上
白色霉带	较狭，1~2毫米，外观呈粉状	较宽，8~15毫米，略呈胶质状
病部边缘	水渍状，边缘规则而明显	边缘水渍状不明显，且不整齐
黏连性	对包果纸及其他接触物无黏着力	往往与包果纸及其他接触物黏连
气味	有霉味	具芳香味

柑橘黑色蒂腐病

病原学名：*Dipoldia natalensis*

症状：病斑最初发生在果蒂或蒂部周围，初呈水渍状，淡褐色，无光泽，以后迅速扩展至全果，病部变深，呈暗紫褐色，软腐，极易破裂，俗称"穿心烂"。在果面病斑边缘呈波纹状，油胞破裂，常流出暗褐色黏液。病菌很快从果蒂向果心蔓延，直至脐部。在潮湿条件下，病果表面长出气生菌丝，初呈污灰色，渐变黑色，并产生许多小黑点状分生孢子器。

柑橘黑色蒂腐病症状

柑橘褐色蒂腐病

病原学名：*Diaporthe medusaea*（Nitsehke）

症状：病斑常始发于蒂部，开始出现水渍状褐色病斑，但没有黏液流出，病部果皮革质，有韧性，用手指轻压不易破裂。病斑边缘呈波纹状，白色菌丝在果实内部中心柱迅速蔓延，当外部果皮1/3 ～ 1/2腐烂时，果心已全部腐烂，称"穿心烂"，病果味酸苦。本病是树脂病在果实上的一种发病症状。

柑橘褐色蒂腐病蒂部周围水渍状

柑橘褐色蒂腐病果心腐烂

柑橘黑腐病

病原学名： *Alternaria citri*（Ellis et. Pierce）

症状：柑橘黑腐病又名黑心病，主要为害贮藏期果实，病菌在田间潜伏于果实蒂部和果面，由伤口、蒂部或脐部侵入果实，使其中心柱腐烂。有黑腐型、心腐型、蒂腐型、干疤型等不同的症状。

黑腐型：病菌从伤口或脐部侵入，果皮先发病，外表症状明显，初呈褐色或黑褐色圆形病斑，扩大后稍凹陷，边缘不整齐，中部常呈黑色，病部果肉变为黑褐色腐烂，干燥时病部果皮柔韧，革质状，高温下，病部长出绒毛状霉，开始呈白色，后转变为墨绿色，果心空隙处亦长有大量墨绿色霉。

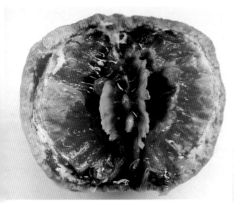

温州蜜柑黑腐病心腐症状

胡柚黑腐病心腐症状

心腐型：果实外表不呈现症状，而果心内部果肉已发生腐烂，在中心柱空隙处长出大量墨绿色绒毛状霉。橘类和柠檬多为此类症状。

蒂腐型：果蒂部呈圆形、褐色软腐斑，直径通常在1厘米左右。病菌不断向中心柱蔓延，并长满灰白色至墨绿色霉层。

干疤型：病菌从果皮和果蒂部伤口侵入，形成深褐色常为圆形的病斑，病、健交界处明显，病斑直径多为1.5厘米左右，呈革质干腐状，病部极少见到绒毛状霉。

柑橘酸腐病

病原学名：*Geotrichum citri-aurantii*

症状：病菌从蒂部或伤口侵入，病斑初期圆形，水渍状，后迅速蔓延至全果，病部变软多汁，呈黄褐色，似开水烫过，轻擦果皮，其外表皮很易脱离，以手触之即破。后期病部生出白色菌丝，稀薄覆盖于果面，有酸臭气味，最后成为一堆溃不成形的腐物。

蜜柑酸腐病果表面似开水烫过状，手触即破　　　　　　　柚酸腐病症状

柑橘贮藏期病害的预防：①加强田间病害防治。有些贮藏期病害来自田间，如褐色蒂腐病、褐腐病、黑星病等，适时进行田间防治，以减少病原和病果。果实采收前10天左右对树冠果实喷药，药剂可用70%甲基硫菌灵可湿性粉剂800～1 000倍液或80%代森锰锌可湿性粉剂600～800倍液。②适时采收，提高采果质量。贮藏用果的采收期以果实八成熟为最佳。在下雨时、雨后、重雾或露水未干时不要采。宜在晴天露雾干后采果，保留好果蒂并剪平。采收、搬运、分级、打蜡、包装、贮运中均应注意轻拿轻放，避免果实造成各种机械损伤，这是贮藏成败的关键。贮藏入库时要严格选果，剔除病、伤果实。③包装房、装运工具和贮藏库在使用前进行清洗、消毒，用50%多菌灵可湿性粉剂200～400倍液喷雾消毒或用硫黄（每立方米10克）密闭熏蒸消毒24小时。④创造良好的贮藏条件。目前我国柑橘果实贮藏方式以常温贮藏为主，在部分大中城市采用低温贮藏。常温贮藏又以通风贮藏库最为普遍。贮藏库温度甜橙为1～3℃，温州蜜柑和椪柑为7～11℃和5～9℃，湿度80%～85%，并注意适当通风换气。⑤贮藏的果实采后应及时进行药浸果处理，最迟在采后48小时内处理完，浸果时间1分钟，要集中处理的

果也应在当天进行。药剂浸果可用50%抑霉唑乳油2 000 ～ 2 500倍液，不但可以防治青霉、绿霉引起的果腐，对黑腐病、蒂腐病和酸腐病等均有较好的防治效果，或用42%噻菌灵悬浮剂400 ～ 600倍液加25%抑霉唑乳油1 000 ～ 1 500倍液浸果，除对上述病害有较好的防治效果外，对炭疽病也有很好的防治效果，果实采收后马上进行处理，效果会更好。也可用50%咪鲜胺锰盐可湿性粉剂1 500 ～ 2 000倍液，或25%咪鲜胺可湿性粉剂500 ～ 1 000倍液。⑥单果包装贮藏。采用单果包装比用大袋包装的效果好，用塑料薄膜单果包装比用纸单果包装效果好。农用聚氯乙烯薄膜比聚乙烯薄膜效果好。

3.柑橘生理性病害

柑橘油斑病

柑橘油斑病俗称虎斑病、熟印病、干疤病，是一种生理性病害，也是柑橘果实上的重要病害之一。它不仅影响果实的外观，降低经济价值，在贮藏期还可引起其他病菌的侵入，造成果实腐烂。

症状：柑橘油斑病只发生在成熟或接近成熟的果实上，也发生在采摘后的贮藏运输期间。初期果皮上出现形状不规则的淡黄色或淡绿色病斑，病健交界处明显。病斑内油胞显著突出，油胞间的组织凹陷，后变为黄褐色，油胞萎缩。形成不规则形的淡黄白色病斑，大小不一，一般直径为2 ～ 3厘米。该病一般不会引起腐烂，但如果病斑上有炭疽病菌、青霉菌、绿霉菌等的孢子时，则往往会引起果实腐烂。

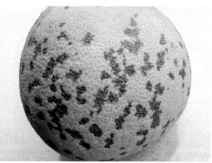

柑橘油斑病症状

　　发病原因：柑橘油斑病的发病主要是因为柑橘果皮上的油胞破裂，油胞内精油渗出后，侵蚀果皮细胞而形成的一种生理失调。如果在采摘前日夜温差大和露水重、果实机械损伤、虫害或果实的相互接触损伤果皮，易导致采后油斑病大面积发生。暴露在阳光下的柑橘果实感染油斑病的概率更大；果实采收期气候湿冷，油斑病发病严重；相对湿度骤然改变，有露水、降霜、冰雹天气时，油斑病发生重。营养失调、磷、钙、钾等元素缺失，导致膜系统不稳定，更易产生油胞下陷的生理病害。果皮结构细密脆嫩的品种油斑病发生多，果皮结构粗糙疏松的品种发生少。含油胞多、油腺突出的品种易感病，如甜橙类；延迟采收油斑病发生会比未延迟采收的严重。

　　防治方法：①柑橘园增施有机肥、磷钾肥，配合微生物菌肥，增强树势，提高树体本身的抗病能力。特别是果期补钙（叶面喷施），不仅能减轻油斑病的发生，还可抗灼、防裂、降酸。②种植防风林，以减少风害。③套袋保护。④适时采摘。尽量避免在下雨和早晨露水未干时或大风过后立即采果，应在雨后再过2～3个晴天采果。④果实生长后期，加强果园病虫害的防治，适时防治叶蝉类、潜叶蛾、溃疡病等，减少果皮损伤。⑤在采收、挑选、装箱、运输和贮藏过程中尽量做到轻采、轻放、轻运，避免果皮受到损伤。

柑橘果实日灼病

　　柑橘果实日灼病又叫日烧病，是柑橘生产上一种常见的生理性病害，多发生于果实向阳部分。

　　症状：果实在烈日直接照射下引起果皮灼伤，灼伤部位变成棕黄色或棕褐色，果皮坚硬粗糙，果实变形。严重者果皮紧贴果肉，或下陷干枯形成疤斑。果实畸形，囊瓣枯缩，汁胞干瘪果肉粒化，味淡。日灼病一般于7月开始出现，8～9月发生最严重。

　　防治方法：①在7～10月遇干旱时及时喷灌水，注意在早晚进行。②避免在高温烈日下喷药。③已经发生日灼病的果实，及时用小块纸片遮盖果实受害部分或涂抹石灰浆，可使轻病斑消失

柑橘果实日灼病症状

柑橘裂果病

症状：柑橘裂果病是水分供应不均匀引起的一种非传染性病害，特别是久旱骤雨之后，早熟薄皮品种易发生。果实呈纵裂开口，瓤瓣亦相应破裂，露出囊胞，裂果黄化、脱落或感染病菌腐烂脱落。一般在8～10月膨大转色前发生。

柑橘裂果病症状

防治方法：①加强肥、水、土管理，增强树势，果实膨大期增施钾肥。裂果始期，树冠喷布3%草木灰浸出液，隔10天左右，连喷2～3次。②伏前中耕表土，树冠下地表用塑料薄膜或稻草及杂草覆盖，防止土壤水分蒸发，膨大期均匀供应水分和养分，后期少灌水，对防止裂果有较好的效果。

柑橘冻害

症状：轻微冻害首先表现为晚秋梢受冻枯焦，其次是正常秋梢受冻，直至一年生枝叶受冻；枝干严重受冻时，树皮开裂，叶片全部干枯脱落，甚至地上部全部冻死。

防治方法：①适地植橘。在生态最适区及适宜区种植柑橘，在次适宜区应选择小气候条件较好的地方种植。②选择

柑橘冻害造成的枯枝

柑橘冻害造成叶片纵卷

耐寒品种。本地早、南丰蜜橘、温州蜜柑、朱红等抗寒性较强，柚、橙、一般易受冻。③加强管理。多施农家肥与绿肥，氮、磷、钾合理搭配施用，及时抹除晚秋梢。施秋肥要注意防止晚秋梢大量抽发。采果后要及时根，追肥和追施采果肥。12月上旬进行根颈培土、树盘地面覆盖、树干涂白、树冠喷布防冻液等措施。④下雪时及时摇落积雪，扶好撕裂枝干，并用绳子捆绑固定裂口，涂上接蜡，外面用塑料薄膜包扎好。

柑橘缺硼

缺硼造成叶脉和叶柄开裂

症状：嫩叶初期出现水渍状黄色斑点，叶片畸形、黄化，易脱落。老叶叶脉增粗、发黄，严重时叶柄横向开裂，花蕾畸形，落花、落果严重。幼果期缺硼，果暗绿色，无光泽，形成坚硬的僵果。果实中后期缺硼，果皮粗糙、增厚、坚硬，果较正常偏小，内有流胶，果味酸，质差。

缺硼果（右）与正常果（左）对比　　缺硼果（右）与正常果（左）剖面对比

防治方法：秋季深翻改土，深施有机肥，株施硼砂25～50克；花蕾期和幼果期喷施速乐硼粉剂（50克兑75～100千克水）各1次或0.1%～0.2%硼砂液2～3次。

柑橘缺锌

症状：病树新梢上的叶片主、侧脉间显现黄色或淡黄色斑点，随缺锌严重度增加，黄色斑块扩大，仅主、侧脉及其附近为绿色，其余部分均呈黄色或黄绿色。严重时新生叶狭长，变小，直立，呈丛生状。新梢纤细，节间缩短，呈直立的矮丛状，随后小枝枯死。一般同一树上向阳部位较荫蔽部位发病重。

柑橘缺锌小叶症

防治方法：在1/3 ~ 2/3春梢萌发时，叶面喷洒0.4% ~ 0.5%硫酸锌水溶液，也可喷洒0.1% ~ 0.2%氧化锌矫治。使用含锌杀菌剂如代森锰锌等，也可克服缺锌。对于微酸性的土壤，也可土施少量硫酸锌。

柑橘缺铁

症状：一般嫩梢先表现症状，叶片变薄黄化，淡绿至黄白色，叶脉绿色，在黄化叶片上呈明显的绿色网纹，以小枝顶端的叶片更为明显。病株枝条纤弱，幼枝上叶片很易脱落，仅存稀疏的叶片。小枝叶片脱落后，下部较大的枝上才长出正常的枝叶，但顶枝陆续死亡。

防治方法：①防治缺铁的根本方法是改良土壤和做好排灌系统，防止旱、涝灾

柑橘缺铁叶片症状

害发生，对碱性土壤应多施有机质肥料，特别注意多施绿肥、土杂肥以及其他酸性肥料。②在改良土壤和做好排灌系统的基础上，施用硫酸亚铁或喷洒0.1%硫酸亚铁溶液。

柑橘缺锰

症状：仅叶脉保持绿色，叶肉变成淡绿色，即在淡绿色的底叶上显现出绿色的网状叶脉，但并不像缺锌和缺铁那样反差明显。症状从新叶开始发生，但不论新叶、老叶均能显现症状。

防治方法：酸性土壤施锰有效，中性和碱性土壤施锰无效。当叶片显现缺锰症状时，应在生长旺盛季节（5、6月）喷施0.2%硫酸锰水溶液，隔15天左右喷1次，连喷2次。

柑橘缺锰造成叶片出现绿色网状叶脉

柑橘叶片严重缺锰症状

二氧化硫污染

症状：柑橘受害后在叶脉间呈现白色或褐色烟斑，严重时落叶、落果。柑橘受害的严重度与生育期和气温有关，在嫩叶和开花期遇30℃气温时，30毫克/千克接触6小时即发生烟斑。冬季80毫克/千克接触6小时不发生烟斑，但开春后易落叶。在含二氧化硫较高的柑橘园中，喷布波尔多液易造成温州蜜柑落叶，并使土壤呈强酸性反应。

防治方法：控制大气中的二氧化硫含量，禁止橘园内燃烧旧橡胶车胎熏烟；橘园应远离砖瓦厂；二氧化硫超量区控制氮、钾肥的施用，并减少或避免使用波尔多液和石硫合剂等，酸性土壤注意使用石灰调节pH。

二氧化硫污染造成叶缘枯黄

二氧化硫污染的叶片褪绿

二氧化硫污染造成叶尖枯焦

二氧化硫污染导致叶片白化

二、柑橘害虫

1. 以为害叶片为主的害虫

柑橘全爪螨

又名柑橘红蜘蛛、瘤皮红蜘蛛等。

学名：*Panonychus citri*（Mcgregor）

为害状：以口针刺破叶片、嫩枝及果实表皮，吸食汁液，被害叶片轻则产生许多针头大小的灰白色小斑点，导致叶片失去光泽，重则整片叶灰白色，造成落叶，影响树势及产量。

柑橘全爪螨为害叶片正面

柑橘全爪螨为害叶片背面

柑橘全爪螨为害叶片产生许多针头大小的灰白色小斑点

柑橘全爪螨为害造成叶片发黄，甚至落叶

形态特征：雄成螨体小，后端略尖，呈楔形。雌成螨体椭圆形，体色个体间略有差异，普遍为暗红色，无光泽，背面及背侧面有小瘤状突起，上有一根白色长刚毛。卵扁球形，初产时鲜红色，后渐退色，卵上有一垂直小柄。幼螨体长0.2毫米，初孵时淡红色，足3对。若螨形状、色泽均同成螨相似，但个体略小，足4对。幼螨蜕皮则为前若螨，再蜕皮为后若螨，后若螨蜕皮则为成螨。

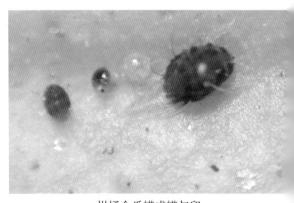

柑橘全爪螨成螨与卵

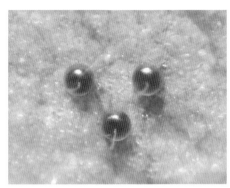

柑橘全爪螨卵

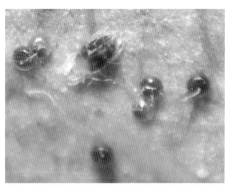

柑橘全爪螨幼螨与卵

发生规律：在浙江1年约发生16代，华南1年发生18代以上，世代重叠，主要以卵和成螨在潜叶蛾为害的僵叶内及叶背越冬。发育和繁殖的适宜温度20～30℃，温度超过35℃不利于生存。因此，柑橘全爪螨一般每年有两个明显的高峰期，即5月中旬至6月中旬和9～11月，并且以5月中旬至6月中旬高峰为主。

防治方法：前期喷药防治，后期保护利用天敌。①农业防治。结合冬季修剪，剪除潜叶蛾为害的僵叶，进行秋、冬季清园。浙江一般在12月10日以前进行冬季清园，药剂以炔螨特为主，春季清园一般在2月下旬进行，药剂可采用石硫合剂、松脂合剂、机油乳剂等，兼治蚧类。②保护天敌。加强预测预报，挑治中心虫株，避免全园盲目喷药，以利保护天敌。橘全爪螨天敌发生的高峰期在橘全爪螨高峰之后。因此，前期采用药剂防治，5月以后不要轻易施用广谱性农药，以免杀伤天敌。③化学防治。一般春季防治指标掌握在每叶3～4头（有螨叶率65%），夏、秋季可增加到每叶5～7头（有螨叶率85%）。花前用0.5～0.8波美度石硫合剂或99%机油乳剂200～300倍液（花蕾期和果实开始转色后慎用），或5%噻螨酮乳油2 000～3 000倍液，或20%四螨嗪乳油2 000倍液，或15%速螨酮乳油1 500～2 000倍液，或5%唑螨酯乳油2 000倍液，或50%溴螨酯乳油1 000～2 000倍液。花后用73%炔螨特乳油2 000～3 000倍液，或24%螺螨酯悬浮剂4 000～5 000倍液，或20%阿维·螺螨酯悬浮剂4 000～5 000倍液，或22.4%螺虫乙酯悬浮剂4 000～5 000倍液，或25%单甲脒水剂1 000～2 000倍液喷雾。嫩梢、幼果以哒螨酮系列为主，下半年以炔螨特、螺虫乙酯为主，要注意浓度，并搅拌均匀，早晨露水未干，阴雨、湿度大天气慎用，防止药害。④应注意不同类型的多个品种药剂轮换使用，每种药剂1年使用1～2次为宜。春季害螨发生量大，持续时间长，宜选用防效好且有效期长的药剂；秋季出现第二高峰，此时天敌数量也多，可选择防效优而对天敌杀伤小的药剂；冬季虫口密度高的可选择速效与长效的药剂混用。

柑橘始叶螨

又名黄蜘蛛、四斑黄蜘蛛。为害柑橘的春梢嫩叶、花蕾和幼果，尤以春梢嫩叶受害最重。

学名：*Eotetranychus kankitus*（Ehara）

为害状：成螨、幼螨、若螨喜群集在叶背主脉、支脉、叶缘处。嫩叶受害后，常在主脉两侧及主脉与支脉间出现向叶面突起的大块黄斑，严重时叶片扭曲变形，进而大量落叶。老叶受害处背面为黄褐色大斑，叶正面为淡黄色斑。由于严重破坏了叶绿素，引起落叶、枯梢，其危害程度甚于柑橘红蜘蛛。

柑橘始叶螨为害造成叶片斑驳、扭曲变形

柑橘始叶螨严重为害叶片

柑橘始叶螨为害叶片出现大块黄斑

形态特征：雌成螨近梨形，浅黄白色，足4对。体背有7条横列细毛，背面有4个多角形黑斑。雄成螨较狭长，尾部尖削，足较长。卵圆球形，表面光滑，初为淡黄，渐变为橙黄色，上有丝状卵柄。幼螨初孵时淡黄色，近圆形，足3对，约1天后雌体背面即可见4个黑斑；若螨体形似成螨，但比成螨略小，体色较深。

发生规律：1年发生16代以上，世代重叠，以卵和成螨在树冠内部叶片背面及潜叶蛾为害的卷叶内越冬。常年在柑橘开花时大量发生，4～5月是为害盛期，其次为10～11月。树冠内部、中下部及叶背光线较暗的部位发生较重，树冠郁闭有利发生，天气干旱为害重。

防治方法：药剂防治主要在4～5月进行，其次为10～11月，施药时注意树冠内部、叶片背面。施药指标为花前百叶有螨、卵100头，花后百叶有螨、卵300头。防治药剂参考柑橘全爪螨。

柑橘锈瘿螨

又名锈壁虱、锈螨。主要为害叶片和果实，也可为害枝条，以为害果实较严重。

学名：*Phyllocoptruta oleivora*（Ashmead）

为害状：以口器刺入柑橘组织吸食汁液，叶片、枝条、果实被害后，油胞破裂，芳香油溢出，经空气氧化使叶背和果皮变成污黑色；叶片被害后，似缺水状向上微卷，叶背呈烟熏状黄色或锈褐色，受害严重时，叶小、畸形、变脆，当年生春梢叶片大量脱落。早期果皮似被一层黄色粉状微尘覆盖，不易察觉，后果皮粗糙且无光泽，变黑褐色或栓皮色，果小而僵硬、皮厚、味酸，品质低劣，影响产量和产值。

柑橘锈壁虱为害果与正常果对比

柑橘锈壁虱为害叶片背面

柑橘锈壁虱为害在果面上出现淡黄褐色粉尘

柑橘锈壁虱为害后果皮变成污黑色或污褐色　　柑橘锈壁虱为害后期果皮粗糙且无光泽

形态特征：成螨体似胡萝卜形，淡黄至柠檬黄、橘黄色。头部稍小，向前伸出，具颚须2对。腹背具背片28～32个，腹部有腹片56～64个。体上有背毛1对，腹毛2对，尾毛1对。卵扁圆形，光滑透明，淡黄色。若螨体小，似成螨，初孵幼螨灰白色，半透明，渐变为淡黄色。前若螨头、胸部椭圆，背腹片不明显，尾部尖细，足2对。

发生规律：1年发生18～24代，浙江以成螨在夏、秋梢腋芽、卷叶内越冬。一般行孤雌生殖，其繁殖力特别强，日均温度达15℃左右开始产卵，春梢抽发后聚集在叶背主脉两侧为害。5～6月蔓延至果面，7～10月为为害高峰，9月以后部分虫口转移至当年生秋梢叶片上为害，到11月中下旬仍有较多的虫口为害叶片与果实。果园常喷布波尔多液等含铜、锌、锰、硫的杀菌剂与溴氰菊酯、氯氰菊酯等杀虫剂，杀灭了大量天敌，容易导致该螨大发生。夏季高温干旱有利发生，大风大雨对锈螨有冲刷作用。

防治方法：①在橘园行间和周边种植覆盖植物，旱季适当灌溉，以促进柑橘锈壁虱天敌多毛菌的繁殖。②保护利用天敌和进行生物防治，在锈壁虱盛发期要尽量避免使用铜制剂。③化学防治。当有5%～10%的果实查到螨时，或巡视果园，发现有个别果面覆有灰尘般的黄褐色粉状物时，应立即用药挑治中心虫株，株发生率高时应全园喷药防治。药剂可选用15%哒螨灵可湿性粉剂1 500～2 000倍液，或73%炔螨特乳油2 000～3 000倍液，或0%代森锰锌、65%代森锌可湿性粉剂600～800倍液，或22.4%螺虫乙酯悬浮剂4 000～5 000倍液，或5%虱螨脲悬浮剂2 000～2 500倍液等。

矢尖蚧

又名箭头介壳虫、箭形介壳虫，属半翅目盾蚧科。为害柑橘、龙眼等作物。

学名： *Unaspis yanonensis*（Kuwana）

为害状： 为害柑橘枝梢、叶片及果实。以雌成虫、若虫固着于叶片、果实和嫩梢上吸食汁液，被害处四周变黄绿色，形成黄斑，导致叶片畸形，严重时枝叶卷缩、干枯，果实受害处呈黄绿色，不能充分成熟，外观差、果味酸。严重影响树势、产量和果实品质，还可诱发煤烟病。

矢尖蚧严重为害状

矢尖蚧幼蚧为害叶片产生褪绿圆斑

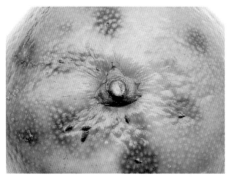

矢尖蚧幼蚧为害果面产生褪绿圆斑

矢尖蚧严重为害果实

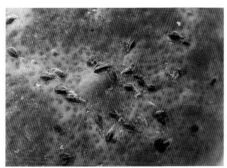

矢尖蚧及其为害果面状

矢尖蚧为害枝

形态特征: 雌成虫介壳黄褐色或棕褐色,边缘灰白色,前端尖,后端宽,中央有一纵脊,形成屋脊状,似箭形。雄成虫体长形,橘橙色,眼深紫色。低龄幼蚧淡黄色至黄褐色,二龄若虫虫体由有3条纵脊的介壳覆盖。卵椭圆形,橙黄色。

矢尖蚧雌成虫

矢尖蚧介壳边缘灰白色

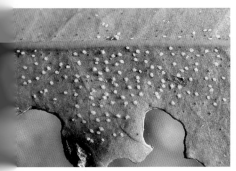

矢尖蚧初孵若虫

矢尖蚧成虫及低龄若虫

矢尖蚧幼蚧（粉黄色）

发生规律：在浙江1年发生3代，大多以受精雌成虫越冬，少数以若虫和蛹越冬。各代一龄若虫高峰依次在5月上中旬、7月上中旬、10月上旬左右。该虫呈群集分布，初发阶段星点分布于树冠的内下层。

防治方法：①冬季清园。结合修剪剪去虫枝，集中销毁。春季清园可用自制松脂合剂16～18倍液，冬季可用8～10倍液；或用20%松脂合剂（融杀蚧螨）120～160倍液。②释放保护天敌。为害严重，发生面积较大时，引进饲放澳洲瓢虫或大红瓢虫，施药时注意保护天敌。③药剂防治。局部发生时应采用挑治，当10%叶片（果实）有虫时，应用药防治。矢尖蚧第一代发生比较整齐，初孵一、二龄若虫抗药力较差，此时天敌虫口也较低，是药剂防治的关键时期，可间隔15～20天喷1次药，连喷2～3次。药剂可选用22.4%螺虫乙酯悬浮剂4 000～5 000倍液，或99%机油乳油200倍液（避免在气温35℃以上时使用，夏季宜在傍晚喷药），或10%吡虫啉可湿性粉剂2 000倍液，或25%噻嗪酮可湿性粉剂1 000～1 500倍液，或28%阿维·螺虫酯悬浮剂3 500～4 000倍液，或33%螺虫·噻嗪酮悬浮剂2 500倍液，或22%氟啶虫胺腈悬浮剂4 000～5 000倍液。

吹绵蚧

又名棉团蚧、白虫，属半翅目硕蚧科。食性复杂，寄主有芸香科、菊科、蔷薇科等植物。

学名：*Icerya purchasi*（Maskell）

为害状：以若虫和雌成虫群集于枝干、叶片和果实上吸食汁液，造成叶黄枝枯、枝条萎缩，引起落叶、落果，甚至全株枯死。并排泄蜜露，诱发煤烟病，影响光合作用。

吹绵蚧为害果蒂

吹绵蚧为害枝

形态特征：雄成虫体长3毫米，橘红色，触角11节，每节轮生长毛数根，胸部黑色，翅紫黑色。雌虫体长6～7毫米，橙黄色，椭圆形，无翅，腹部扁平，背脊隆起，上被白色蜡质物及细长透明的蜡丝。卵长椭圆形，橘红色，密集于雌成虫卵囊内。

吹绵蚧雌成蚧

吹绵蚧即将孵化的若虫

吹绵蚧成、若蚧

发生规律：在浙江1年发生2～3代，大多以若虫在枝干上越冬，世代重叠。若虫盛发期第一代为5～6月，第二代为7～8月，第三代为10月。初孵幼虫善于爬行，分散活动，多寄生于嫩枝及叶背的主脉两侧。

防治方法：①修剪时注意修剪虫枝，集中销毁。②局部发生时用刷子或稻草等刷除枝干上的成、若蚧。③其他防治方法可参考矢尖蚧。

红蜡蚧

又名红蜡虫、红蚰虫、胭脂虫、红蚰、脐状红蜡蚧等，属半翅目蜡蚧科。为害柑橘、茶和桑等多种植物。

学名：*Ceroplastes rubens*（Maskell）

为害状：以若虫和成虫群集枝梢、叶片和果梗上刺吸汁液，排泄蜜露，常诱发煤烟病，削弱树势，严重者枝条枯死。

红蜡蚧为害叶片

红蜡蚧严重为害枝干

　　形态特征：雌成虫椭圆形，背面覆盖较厚的蜡壳，蜡壳中央突出，呈半球形，初为深玫瑰红色，随着虫体成熟，逐渐变为紫红色，边缘向上翻起成瓣状，自顶端至底边有4条白色蜡质斜线。雄成虫体小，暗红色，复眼及口器黑色，触角、足及交尾器均淡黄色，翅白色，半透明。卵椭圆形，淡紫红色，两端稍细。若虫扁平椭圆形，前端略宽，体淡赤褐色，体表被白色蜡质。雄蛹淡黄色，椭圆形，蜡壳暗紫红色。

红蜡蚧雌成虫蜡壳　　　　　　　　　红蜡蚧初孵幼蚧

　　发生规律：红蜡蚧1年发生1代，以受精雌成虫越冬。在浙江一般5月中旬开始产卵，5月下旬至6月上旬为产卵盛期，为害盛期为7月上旬至9月上旬。

　　防治方法：①农业防治。冬、夏修剪时，除去虫枝，更新树冠，加强肥水管理，促发新梢，恢复树势。②保护利用天敌，控制后期用药。③其他防治方法可参考矢尖蚧。

长白盾蚧

　　又名长白蚧、梨长白介壳虫、茶虱子等，属半翅目盾蚧科。为害苹果、梨、李、梅、柑橘、柿、枇杷、山楂、无花果等。

　　学名：*Pholeucaspis japonica*（Cockerell）

　　为害状：在柑橘上以若虫、雌成虫刺吸树干和叶片汁液，致受害树势衰弱，叶片瘦小、稀少，橘树未老先衰。严重时布满枝干或叶片，造成严重落叶，连续受害 2～3 年，枝条枯死或整丛连片死亡，是橘树上的毁灭性害虫。

长白盾蚧为害造成枯枝　　　　　　长白盾蚧为害叶

形态特征：雌成虫介壳长纺锤形，灰白色，前端附着一个若虫蜕皮壳，呈褐色卵形小点。雌成虫体长梨形，浅黄色，无翅。雄成虫浅紫色，头部色较深，有 1 对翅，翅白色，半透明，触角丝状。卵椭圆形，浅紫色。若虫初孵时淡紫色，椭圆形。

发生规律：在浙江 1 年发生 3 代，以末龄雌若虫和雄虫前蛹在枝干上越冬。3 月下旬至 4 月中旬为羽化盛期，4 月下旬为产卵盛期。各代若虫孵化盛期主要在 5 月中下旬、7 月中下旬和 9 月中旬至 10 月上旬。

防治方法：① 苗木检疫。

长白盾蚧雄蚧蛹

严防有介壳虫的苗木运到新橘区。②饲养释放天敌。为害严重，面积较大时，应引进饲放澳洲瓢虫或大红瓢虫，施药时注意保护天敌。③药剂防治。狠抓一代压基数，重点在若虫孵化较整齐的1～2代，在若虫孵化70%～80%至二龄若虫出现前10天左右喷药，隔20天左右再喷1次，连续喷药2～3次，药剂可参考矢尖蚧。

褐圆蚧

又名鸢紫褐圆蚧、茶褐圆蚧、黑褐圆盾蚧，属半翅目盾蚧科。为害柑橘类、葡萄、椰子等200多种植物。

学名：*Chrysomphalus aonidum*（L.）

为害状：在柑橘上为害状同红蜡蚧。

形态特征：雌成虫介壳圆形，紫褐色，边缘淡褐色，中央隆起，壳点在中央，呈脐状，颜色黄褐或全黄，虫体倒卵形，头、胸部最宽，胸部两侧各有一刺状突起，臀板边缘有臀角3对。雄成虫介壳紫褐色，边缘部分为白色或灰白色，长椭圆形，虫体橙黄色，足、触角、交尾器及胸盾片为褐色。卵长卵形，橙黄色。若虫体卵形，长略大于宽，淡橙黄色。

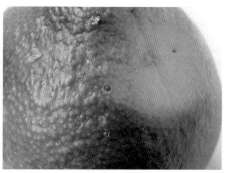

褐圆蚧雌成虫介壳　　　　　　　　　褐圆蚧为害果实

发生规律：在福建1年发生4代，广东5～6代，以若虫在枝叶上越冬。福建各代初孵若虫盛发期分别在5月中旬、7月中旬、9月上旬、11月下旬。

防治方法：适时用药，抓住第一代初龄幼蚧盛发期（此时幼蚧发生整齐，防效最好）用药。在确定第一代若虫初见之后的21天、35天、56天各贲1次药。药剂可参考矢尖蚧。

椰圆蚧

又名椰圆盾蚧、黄薄椰圆蚧、黄薄轮心蚧，属半翅目盾蚧科。为害柑橘、椰子、香蕉、芒果、荔枝、葡萄等27种植物。

学　名：*Aspidiotus destructor*（Signoret）

为害状：群栖于叶背或枝梢上，叶片正面亦有雄虫和若虫固着刺吸汁液，叶面出现黄斑，造成叶片早落，新梢生长停滞或枯死，树势衰弱。

椰圆蚧为害叶片正面

椰圆蚧群集为害叶片背面

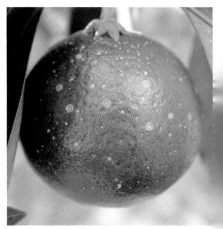

椰圆蚧为害果实

形态特征：雌介壳圆形或近圆形，无色至白色，近透明。壳点为杏仁形，黄白色，居中或略偏。雄介壳近椭圆形，质地和颜色同雌，稍小。雌成虫倒梨形，鲜黄色，介壳与虫体易分离。雄成虫橙黄色，复眼黑褐色翅半透明，腹末有针状交配器。卵椭圆形，黄绿色。若虫淡黄绿色至黄色椭圆形，较扁，足3对，腹末生1尾毛。

椰圆蚧雌成虫

　　发生规律：在浙江1年发生3代，均以受精后的雌成虫越冬。各代孵化盛期分别为4月底至5月初、7月中下旬、9月底至10月初。

　　防治方法：参考矢尖蚧。

柑橘小粉蚧

　　又名橘粉蚧、柑橘臀纹粉蚧、紫苏粉蚧。主要为害柑橘、梨、苹果、葡萄、石榴、柿等果树。

　　学名：*Pseudococcus citriculus* Green

　　为害状：成、若虫多群集在叶背面的中脉两侧及叶柄与枝的交界处为害，吸食汁液，造成梢、叶枯萎或畸形早落，并诱发煤烟病。

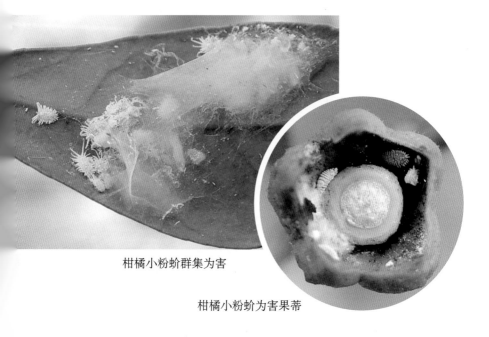

柑橘小粉蚧群集为害

柑橘小粉蚧为害果蒂

形态特征：雌成虫体肉黄色或粉红色，椭圆形，上被白色蜡粉。体缘具针状蜡质的白色蜡丝17对，最后1对特长。雄成虫小，紫褐色，体末两侧各有白色蜡丝长尾刺1根。卵椭圆形，初浅黄色，后变橙黄色。若虫淡黄色，椭圆形，略扁平，腹末有尾毛1对，固定取食后即开始分泌白色蜡质粉覆盖体表并在周缘分泌出针状的蜡刺。

柑橘小粉蚧雌成虫

柑橘小粉蚧若虫

发生规律：在浙江1年发生4～5代，大多以卵越冬。

防治方法：参照矢尖蚧。

柑橘褐软蚧

主要为害柑橘和枳壳，为害状同柑橘小粉蚧。

学名：*Coccus hesperidum*（L.）

形态特征：雌若虫初为黄绿色，中央有纵脊，至成虫时则多为浅褐色，纵脊不明显，体躯无蜡质介壳，仅于体的背部具有极薄透明的蜡质一层。雌成虫椭圆形，略突起，暗橄榄色，略有暗褐色斑点。体前膜质或略硬化，背有多个小亮点和很多较大的圆形或椭圆形淡斑。

柑橘褐软蚧为害枝

柑橘褐软蚧雌成虫

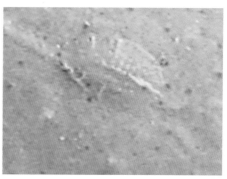

柑橘褐软蚧雌若虫

发生规律：1年发生1代，以若虫在枝条或叶片上越冬，于4月末至5月末孵化。

防治方法：参考矢尖蚧。

柑橘绵蚧

又名黄绿絮蚧、龟形绵蚧，属半翅目蜡蚧科。为害柑橘类、枇杷、苹果、柿等植物的果实及枝叶，诱发煤烟病。

学名：*Pulvinaria aurantii*（Cockerell）

形态特征：雌成虫体扁平，椭圆形，长4～5毫米，黄绿色或棕褐色，体缘有绿色或褐色的环斑，背中线有褐色或暗褐色纵行带纹。老熟幼虫体末开始分泌白色蜡质卵囊，卵囊5～6毫米。卵淡黄褐色，近椭圆形。若虫扁平，椭圆形，初为淡黄绿色，后变为暗褐色。

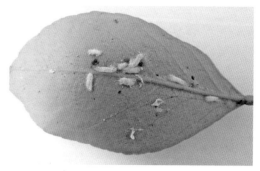

柑橘绵蚧的白色蜡质卵囊及初孵若虫

发生规律：1年发生1～2代，以二龄若虫在枝叶上越冬。在浙江黄岩3月开始为害新梢，5月上中旬为羽化盛期，5月下旬为孵化盛期。

防治方法：①保护利用天敌。②在若虫孵化活动阶段，以及冬季果树休眠期间进行喷药,药剂可参考矢尖蚧。

堆蜡粉蚧

属半翅目粉蚧科。为害柑橘、龙眼、番荔枝等。

学名: *Nipaecoccus vastalor*(Maskell)

为害状: 以雌成虫、若虫成堆寄生在柑橘的嫩梢、叶片基部及果蒂上刺吸汁液,造成枝叶扭曲,叶片皱缩,易引发煤烟病。

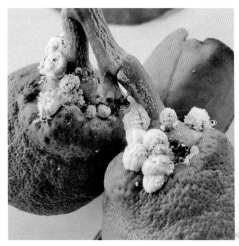

堆蜡粉蚧雌成虫及叶片为害状　　　　　堆蜡粉蚧为害果实

形态特征: 雌成虫体椭圆形,扁平,黑紫色,体背覆盖灰白色蜡质粉末。体四周边缘有各种长短粗细不同的圆锥形体刺。雄成虫黑紫色,腹末有白色蜡质长尾刺1对。卵椭圆形,淡黄色。若虫体椭圆形,似雌成虫,分节明显。初孵若虫无蜡粉堆,固定取食后体背及体周开始分泌白色蜡质物,并逐渐增厚。

发生规律: 在广州1年发生5～6代,世代重叠,以雌成虫或若虫在寄主的主干或枝条裂缝处越冬。2月初越冬成虫产卵。每年3月、5月、7月、8月、9月、11月为各世代成虫产卵及孵化的盛期,其中4月、5月及11月的虫口密度最大,对幼果及秋梢为害最烈。

防治方法: ①冬季剪除虫枝,集中销毁;加强肥水管理,增强树势②在3月、5月每隔15天防治1次,连续防治2～3次,药剂可参考矢尖蚧。

黑刺粉虱

又名橘刺粉虱，属半翅目粉虱科。为害柑橘、苹果、梨、枇杷等多种植物。在柑橘上主要为害当年生春梢、夏梢和早秋梢。

学名：*Aleurocanthus spiniferus*（Quaintance）

为害状：以若虫聚集叶片背面刺吸汁液，形成黄斑，分泌蜜露，诱发煤烟病，使柑橘树枝叶发黑，枯死脱落。

黑刺粉虱为害叶片

黑刺粉虱严重为害叶片

形态特征：成虫除腹部橙黄色外，体、翅均紫褐色，前翅周缘有7个白斑，后翅淡褐色，无斑。体表薄覆白色蜡粉，腹部红色。卵呈香蕉形。若虫初为淡黄色透明，后变为灰色至黑色，有光泽，体躯周围分泌白色蜡质。蛹椭圆形，黑色，有光泽，蛹壳边缘锯齿状，壳背显著隆起，背脊两侧具9对黑刺，周缘有10对（雄）或11对（雌）黑刺。

黑刺粉虱成虫

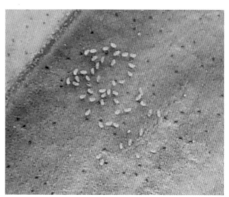

黑刺粉虱初产卵

黑刺粉虱成虫及初孵若虫

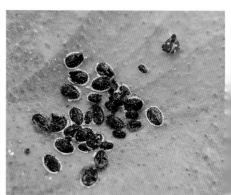

黑刺粉虱蛹及刚羽化的成虫

发生规律: 在浙江、福建、江西、湖南1年发生4代,以二至三龄若虫在叶背越冬,田间发生很不整齐。在浙南地区各代一、二龄若虫盛发期为5月下旬至6月上旬、7月中下旬、9月上旬、11月中旬,是化学防治的关键时期。

防治方法: ①剪除病虫枝、密生枝,改善环境,破坏害虫栖息场所。②药剂防治抓住第一代和第二代若虫盛发期喷药。药剂可选用22%氟啶虫胺腈悬浮剂4 000～5 000倍液,或25%噻虫嗪水分散粒剂5 000～6 000倍液,或25%噻嗪酮可湿性粉剂1 500～2 000倍液,或10%吡虫啉可湿性粉剂1 500～2 000倍液,或3%啶虫脒乳油1 000～1 500倍液。黑刺粉虱大多在叶背为害,用药应着重喷透叶背面,防止漏喷,轻发橘园宜进行挑治或与其他害虫的防治结合进行。

柑橘粉虱

又名橘黄粉虱、通草粉虱、白粉虱。

学名： *Dialeurodes citri*（Ashmead）

为害状： 以成虫、幼虫聚集在嫩叶背面吸汁为害，诱发煤烟病，严重的造成叶片畸形和落叶，引起枯梢，果实生长缓慢，以致脱落。

柑橘粉虱低龄若虫为害状

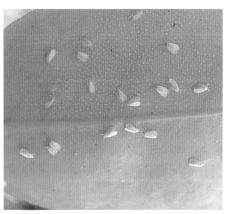

柑橘粉虱群集叶片为害

形态特征： 雌成虫黄色，全身被有白色蜡粉。翅半透明，虫体及翅上均覆盖有白色蜡粉。复眼红褐色，分上、下两部，中有一小眼相连。卵有圆形，淡黄色，卵壳平滑，以卵柄着生于叶上。若虫刚孵时，体扁平，

柑橘粉虱为害诱发煤烟病

有圆形，淡黄色，周缘有小突起17对。初孵幼虫爬行距离极短，通常在原

叶上固定为害。蛹壳略近椭圆形，成虫未羽化前蛹壳呈黄绿色，可以透见虫体。羽化后的蛹壳呈白色，透明，壳薄而软。

柑橘粉虱成虫

柑橘粉虱低龄若虫

柑橘粉虱若虫

柑橘粉虱蛹壳

　　发生规律：在广东等温暖地区1年发生5～6代，在浙江1年发生2～代，以四龄幼虫及少数蛹固定在叶片背面越冬。第一代成虫在4月间出现第二代在6月间出现，第三代在8月间出现。

　　防治方法：粉虱座壳孢是该虫的主要天敌，可采集带有已被粉虱座壳孢寄生的虫体的枝叶散放到柑橘粉虱发生的橘树上，或人工喷射粉虱座壳孢悬乳液。其他防治方法参考黑刺粉虱。

柑橘木虱

　　属半翅目木虱科，是柑橘黄龙病的传病媒介昆虫，也是柑橘各次新梢的重要害虫。为害芸香科植物，以柑橘属受害最重，黄皮、九里香和枸橼次之。

　　学名：*Diaphorina citri*（Kuwayama）

　　为害状：以成虫、若虫刺吸为害新梢、嫩芽，成虫集中在嫩芽吸取汁液和产卵，若虫群集在幼芽、嫩梢和嫩叶上为害，致使新梢弯曲，新叶畸形，卷曲黄弱。若虫的分泌物会诱发煤烟病，影响光合作用。

柑橘木虱为害叶片

柑橘木虱为害果实

　　形态特征：成虫体型小，体青灰色且有灰褐色斑纹，被有白粉。头顶突出如剪刀状，复眼暗红色，单眼3个，橘红色。前翅半透明，边缘有不规则黑褐色斑纹或斑点散布，后翅无色透明。腹部背面灰黑色，腹面浅绿色。卵似芒果形，橘黄色。若虫刚孵化时体扁平，黄白色，二龄后背部逐渐隆起，体黄色，有翅芽露出。各龄若虫腹部周缘分泌有白色蜡丝。五龄若虫黄色或带灰绿色，翅芽粗，向前突出，中后胸背面、腹部前有黑色斑块。

柑橘木虱成虫停息时尾部翘起，与停息面呈45°角

柑橘木虱若虫

发生规律：在广东1年发生11～14代，浙南橘区6～7代，福建8代，世代重叠，主要以成虫密集在叶背过冬。成虫在叶背面及嫩芽上取食，停息时尾部翘起，与停息面呈45°角。夏梢上产卵高峰期在5月下旬、6月下旬及7月下旬；秋梢上产卵高峰期为8中旬至9月上旬。浙江7月下旬至8月下旬为全年产卵的最高峰，若虫高峰期明显，成虫高峰期仅出现于秋梢抽生期。以秋梢受害最重，其次是夏梢。

防治方法：①严格检疫，以免传播黄龙病。②加强柑橘园栽培管理，抹芽放梢，去零留整，去早留齐，切断木虱食物链。③及时挖除病树，减少虫源。④做好冬季清园。⑤药剂防治。各次新梢抽发期，当芽长0.5～5厘米时，及时喷药。药剂可用10%吡虫啉可湿性粉剂1 500～2 000倍液，或25%噻嗪酮可湿性粉剂1 000～1 500倍液，或5%啶虫脒可湿性粉剂2 500～3 000倍液，或22.4%螺虫乙酯悬浮剂4 000～5 000倍液，或25%噻虫嗪水分散粒剂5 000～10 000倍液，或10%烯啶虫胺水剂2 000～3 000倍液，或26%联苯·螺虫乙酯悬浮剂5 000倍液。

橘蚜

又名腻虫、橘蚰，属半翅目蚜科。

学名：*Toxoptera citricidus*（Kirkaldy）

为害状：以若蚜和成蚜群集在嫩芽、嫩梢、花与幼果上吸食为害，使新叶卷缩、畸形，新梢枯死，叶片、幼果、花蕾脱落；并能分泌大量蜜露诱发煤烟病，使叶片发黑，树体生长不良，落花、落果。

橘蚜为害新叶

橘蚜为害叶片

橘蚜为害新梢

橘蚜为害茎

橘蚜为害花

形态特征: 无翅胎生雌蚜全体漆黑色,复眼红褐色,触角6节,灰褐色。足胫节端部及爪黑色,腹管呈管状,尾片乳突状,上生丛毛。有翅胎生雌蚜与无翅型相似,翅2对,白色透明,前翅中脉分三叉,翅痣淡褐色。无翅雄蚜与雌蚜相似,全体深褐色,后足特别膨大。卵椭圆形,初为淡黄色,渐变为黄褐色,最后为漆黑色,有光泽。若虫体褐色,复眼红黑色。

橘蚜长翅型成虫、无翅型成虫及若虫

橘蚜无翅蚜及若蚜

橘蚜若虫

发生规律：在浙江、广东、福建1年发生10～20代。橘蚜繁殖最适温度为24～27℃，因此在春夏之交数量最多，秋季次之。

防治方法：①农业防治。冬、夏结合修剪剪除被害有虫、卵枝梢，消灭越冬虫源，夏、秋梢抽发时，结合摘心和抹芽，打断其食物链，剪除全部冬梢和晚秋梢，压低过冬虫口基数。②保护利用天敌。瓢虫、草蛉、食蚜蝇、寄生蜂和寄生菌等都是很有效的天敌，在柑橘园内尽可能采用挑治，以保护利用天敌。③粘捕。橘园中设置黄色粘虫板可粘捕大量的有翅蚜。④药剂防治。新梢有蚜株率20%以上，被害梢率25%以上时对中心虫株喷药或用药涂有蚜梢。药剂可用10%吡虫啉可湿性粉剂2 000倍液，或25%噻虫嗪水分散粒剂5 000～6 000倍液，或10%烯啶虫胺水剂2 000～3 000倍液，或22%氟啶虫胺腈悬浮剂4 000～5 000倍液，或3%啶虫脒乳油1 500～2 500倍液，或0.3%苦参碱水剂400倍液。

棉蚜

又名蜜虫、腻虫、瓜蚜、草绵蚜虫等，属半翅目蚜科。为害柑橘、枇杷、荔枝等多种植物。

学名：*Aphis gossypii* (Glover)

为害状：常以成、若蚜群集于嫩叶背面、嫩梢、花蕾，吸食汁液，使叶片卷缩，新梢枯死，幼果和花蕾脱落，诱发煤烟病，影响果品产量和质量，也是传播衰退病的媒介昆虫。

形态特征：无翅孤雌蚜体呈卵圆形，体黑色、

棉蚜为害叶片

深绿色、黄绿色，薄被蜡粉，头、胸、腹为黄、绿或淡黄色。体表有清楚的网状纹。中额隆起，额瘤不明显。有翅孤雌蚜体卵圆形，头、胸呈黑色，腹部深绿、浅绿及黄色，腹斑明显而多，触角黑色，比体短，第二至四节象斑明显且大。无翅若蚜随着虫龄变化颜色有异。

棉蚜成虫　　　　　　　　　　　　　　棉蚜若虫

　　发生规律：在浙江1年可发生20～30代，以卵在寄主植物基部越冬。每年出现2个高峰，即5月中旬至6月中旬柑橘春梢抽发期和8月中旬至9月中旬柑橘秋梢抽发期。

　　防治方法：参照橘蚜。

橘二叉蚜

　　学名：*Toxoptera aurantii* Boyer de Fonscolombe

　　为害状：在柑橘上为害状与橘蚜相似。

橘二叉蚜为害叶片　　　　　　　　　　橘二叉蚜为害花蕾

　　形态特征：有翅胎生雌蚜体长1.6毫米，黑褐色，翅无色透明，前翅中脉分二叉，触角蜡黄色，腹部背面两侧各有4个黑斑。无翅胎生雌蚜体长

2.0毫米，近圆形，暗褐或黑褐色，腹部和背面有网纹。有翅雄蚜和无翅雄蚜与相应雌蚜相似。若虫与成蚜相似，无翅，淡黄绿色或淡棕色。

橘二叉蚜无翅胎生雌蚜

发生规律：1年发生10余代，以无翅雌蚜或老龄若虫越冬。翌年3～4月开始取食新梢和嫩叶，以春末夏初和秋天繁殖多、为害重。多行孤雌生殖。其最适宜温度为25℃左右。一般为无翅型，当叶片老化、食料缺乏或虫口密度过大时便产生有翅蚜迁飞他处取食。

防治方法：同橘蚜。

绣线菊蚜

又称橘绿蚜、卷叶蚜、苹果蚜。

学名：*Aphis citricola* van der Goot

为害状：为害时若虫和成虫常群集在幼芽、嫩枝和嫩叶背面吸取汁液，被害新梢节间缩短，叶片向下弯曲卷缩成簇，使新梢不能伸长，甚至枯死，并分泌蜜露，诱发煤烟病。

绣线菊蚜为害叶片

绣线菊蚜为害嫩梢

绣线菊蚜为害叶片致向下弯曲卷缩

形态特征：有翅孤雌蚜为椭圆形，头、胸部黑色，腹部黄色或黄绿色，有黑色斑纹，两侧有明显的乳状突起，腹管及尾片黑色。无翅孤雌蚜卵圆形，黄色至黄绿色，腹管、尾片黑色，足与触角淡黄与灰黑色相间。体表有网状纹。触角为体长的3/4。腹管长于尾片，圆筒形，有瓦片纹。卵初产浅黄，渐变黄褐、暗绿，孵化前漆黑色，有光泽。其若虫似无翅孤雌蚜，体较小，腹部较肥大，腹管很短，鲜黄色，触角、足和腹管黑色。

发生规律：绣线菊蚜属全年发生，年发生20多代，以卵在寄主枝条裂缝、芽

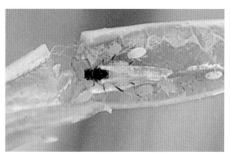

绣线菊蚜成、若虫

绣线菊蚜有翅型成虫放大

绣线菊蚜无翅型成虫

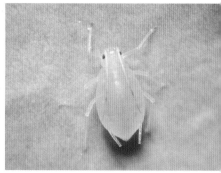

绣线菊蚜若虫

苞附近越冬。4～6月为害春梢和早夏梢形成高峰，虫口密度以6月为最大。9～10月形成第二次高峰，为害秋梢和晚秋梢。

防治方法：同橘蚜。

蓟马

属缨翅目蓟马科。

学名：*Scirtothrips citri*

为害状：以成虫、若虫吸食柑橘等植物的嫩叶、嫩梢和幼果的汁液。柑橘幼果受害后表皮油胞破裂，逐渐失水干缩，呈现不同形状的木栓化银白色斑痕，斑痕随着果实膨大而扩大。嫩叶受害后，叶片变薄，中脉两侧出现灰白色或灰褐色条斑，表皮呈灰褐色，受害严重时叶片扭曲变形，生长势衰弱。

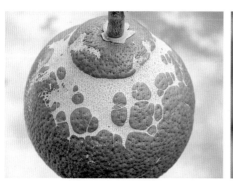

蓟马为害柑橘果皮

蓟马严重为害状

蓟马为害呈现不同形状的木栓化银白色斑痕

蓟马为害果实

蓟马成虫

形态特征：成虫橙黄色，体有细毛，触角8节，头部刚毛相当长，前翅有1条纵脉。卵肾脏形，极小。拟蛹淡黄色。

发生规律：柑橘蓟马在气温较高的地区1年可发生7～8代，以卵在秋梢新叶组织内越冬。翌年3～4月越冬卵孵化为幼虫，在嫩叶和幼果上取食。蓟马主要为害时期是谢花后至第二次生理落果结束（5～6月），以谢花后至幼果直径4厘米期间为害最烈。第一、二代发生较整齐，也是主要的为害世代，以后各代世代重叠明显。

防治方法：①开春清除园内枯枝落叶集中销毁，以消灭越冬虫卵。②干旱要及时灌水。③谢花至幼果期加强检查，可在晴天中午选择树冠中下部果用10倍放大镜检查萼片附近的蓟马虫数。当10%～20%幼果有虫或受害即开始药剂防治，可选用20%甲氰菊酯或2.5%溴氰菊酯乳油2 000～3 000倍液，或10%吡虫啉可湿性粉剂1 500倍液，或25%噻虫嗪水分散粒剂6 000～8 000倍液，或5%啶虫脒乳油1 000～1 500倍液喷雾。

麻皮蝽

学名：*Erthesina fullo* Thunberg

为害状：成虫及若虫刺吸果实和嫩梢，受害果面呈现坚硬青疔。

形态特征：成虫体背黑色，散布有不规则的黄色斑纹，并有刻点及皱纹。头部突出，背面有4条黄白色纵纹从中线顶端向后延伸至小盾片基部。前胸背板及小盾片为黑色，有粗刻点及散生的白色小点。腹部背面两侧黑白相间。卵圆筒形，淡黄白色。初龄若虫胸、腹部有许

麻皮蝽成虫

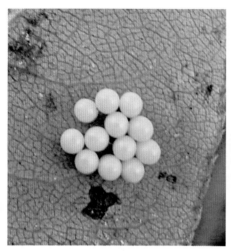
麻皮蝽卵

麻皮蝽若虫

多红、黄、黑相间的横纹。

发生规律：河北、山西1年发生1代，江西2代，均以成虫在枯枝落叶下、草丛中、树皮裂缝、梯田堰坝缝、围墙缝等处越冬。翌春寄主萌芽后开始出蛰活动。成虫飞翔力强，具假死性，受惊扰时会喷射臭液。有弱趋光性和群集性，初龄若虫常群集叶背，二、三龄才分散活动，卵多成块产于叶背。江西越冬成虫3月下旬开始出现，4月下旬至7月中旬产卵，第一代若虫5月上旬至7月下旬孵化，6月下旬至8月中旬初羽化；第二代若虫7月下旬初至9月上旬孵化，8月底至10月中旬羽化。

防治方法：在成虫、若虫为害期，广谱性杀虫剂按常规使用浓度喷洒，均有防治效果。必要时喷洒5%氯氰菊酯乳油1 000～1 500倍液，或2.5%溴氰菊酯乳油2 000～2 500倍液，或10%吡虫啉可湿性粉剂1 000～1500倍液，或3%啶虫脒乳油1 500倍液。

稻绿蝽

学名：*Nezara viridula*（Linnaeus）

为害状：主要为害未熟果，最初食痕不明显，逐渐变黑后腐烂，呈红色。果皮较厚的葡萄柚则限果皮受害，影响外观和质量。枯叶夜蛾和鸟嘴壶夜蛾为害果实时，食痕处孔隙较大，而稻绿蝽食痕却只有针孔大小。

稻绿蝽为害柑橘果实

形态特征：成虫全体青绿色，复眼黑色。小盾片长三角形，末端超出腹部中央，其前缘有3个横列的小黄白点。前翅长于腹末，爪末端黑色。卵粒圆筒形，初产淡黄色，将孵化时红褐色。若虫共5龄。初孵化若虫黄红色，末龄若虫绿色，但前胸和翅芽的侧缘淡红色，腹部各节边缘有半圆形红斑，触角和足红褐色，腹背正中有3对纵列白斑。前胸背板和小盾片上各有4个小黑点排列成梯形。

稻绿蝽成虫

稻绿蝽低龄若虫

稻绿蝽若虫

发生规律：以成虫在松土下或田边杂草根部及各种寄主上或背风荫蔽处越冬。在浙江1年发生1代，广东1年可发生3～4代，田间世代整齐。翌年3～4月，越冬成虫陆续迁入附近早播早稻、麦类、柑橘及杂草上产卵，成虫趋光性强，卵多产于叶背，30～50粒排列成块，初孵若虫聚集在卵壳周围，二龄后分散取食。广东第一代成虫出现在6～7月，第二代成虫出现在8～9月，第三代成虫于10～11月出现。每年柑橘园大发生与夏、秋两季水稻收割后在稻田为害的成虫向柑橘园迁飞有关。

防治方法：同麻皮蝽。

柑橘凤蝶

又名橘黑黄凤蝶、燕尾蝶，属鳞翅目凤蝶科。为害柑橘和山椒等。

学名：*Papilio xuthus* Linnaeus

为害状：以幼虫取食柑橘芽和叶，初龄食成缺刻或孔洞，稍大常将叶片吃光，只残留叶柄。苗木和幼树受害较重。

形态特征：成虫有春型和夏型两种。体淡黄绿至暗黄色，体背中央有黑色纵带，两侧有黄白色带纹。翅黑色，前翅近三角形，近外缘有8个黄色月牙斑。后翅黑色，近外缘有6个新月形黄斑，基部有8个黄斑；臀角处有1橙黄色圆斑，斑中心为1黑点，有尾突。卵近球形，初黄色，后变深黄，孵化前紫灰至黑色。一龄幼虫黑色，刺毛多；二至四龄幼虫黑褐色，体上肉状突起较多，

柑橘凤蝶为害叶片

头、尾黄白色，体表粗糙，形似鸟粪。老熟幼虫黄绿色至绿色，表面光滑，体长45毫米左右，后胸背面两侧有眼斑，后胸和第一腹节间有蓝黑色带状纹，腹部第四节和第五节两侧各有1条蓝黑色斜纹分别延伸至第五节和第六节背面相交，各体节气门下线处各有1白斑。臭腺角橙黄色。蛹近菱形，初为淡绿色，后呈暗褐色，头顶两侧和胸背各有1个突起。

柑橘凤蝶卵

柑橘凤蝶成虫

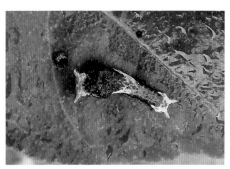

柑橘凤蝶低龄幼虫

柑橘凤蝶幼虫

柑橘凤蝶高龄幼虫

柑橘凤蝶羽化后的蛹壳

发生规律：四川、浙江1年发生3～4代，江西、重庆4～5代，以蛹在枝梢上越冬，翌年5月上中旬羽化为成虫。在浙江黄岩各代成虫的发生期分别为5～6月、7～8月、9～10月。成虫白天活动，善于飞翔，中午至黄昏前活动最盛，喜食花蜜。卵散产于嫩芽上和叶背，老熟后多在隐蔽处吐丝，在胸腹间环绕成带，缠在枝干等上化蛹（此蛹称缢蛹）越冬。

防治方法：①在新梢期人工摘除卵和捕杀幼虫。②冬季清除越冬蛹。③根据发生情况进行挑治，并尽量与其他害虫的防治结合进行。药剂可选用90%敌百虫晶体，或80%敌敌畏乳油1 000倍液，或2.5%溴氰菊酯、10%氯氰菊酯、2.5%氯氟氰菊酯乳油2 000～3 000倍液，或20%除虫脲悬浮剂1 500～2 000倍液进行防治，应掌握在幼虫三龄前喷药。

柑橘凤蝶蛹

玉带凤蝶

又名白带凤蝶、黑凤蝶。

学名：*Papilio polytes* Linnaeus

为害状：同柑橘凤蝶。

形态特征：成虫为黑色大蝶，体型及头均大。雄蝶前翅外缘有黄白色斑点9个，愈近臀角者愈大。后翅外缘波浪形，有一处突出如燕尾状，翅中部有黄白色斑7个，横贯前后翅，形似玉带。雌蝶有二型：Crgus型和Polytes型，Crgus型与雄蝶相似，但后翅近外缘处有半月形的深红色小形斑点数个，或于臀角上有1深红色眼状纹；Polytes型前翅外缘无斑纹，后翅外缘内侧有横列的深红色半月形斑6个，中部有4个大形黄白斑。卵圆球形，初产时黄白色，后变深黄色。幼虫：一龄黄白色，二龄黄褐色，三龄黑褐色，四龄油绿色，五龄绿色。五龄幼虫体长约45毫米，头部黄褐色，后胸前缘有一齿状黑线纹，中间有4个紫灰色斑点。第二腹节前缘有1黑带，第

四、五腹节两侧有黑褐色斜带，中间有黄、绿、紫、灰的斑点。第六腹节两侧亦有斜行花纹1条，翻缩腺紫红色。蛹呈菱形，体长约30毫米，头棘分叉向前突出，胸部背面隆起而尖锐，两侧突出。

玉带凤蝶Polytes型雌成虫

玉带凤蝶雄成虫

形态近似种青凤蝶成虫（前翅有1列青蓝色的方斑构成宽带）

玉带凤蝶低龄幼虫

玉带凤蝶幼虫

玉带凤蝶高龄幼虫

玉带凤蝶蛹

发生规律：浙江、四川1年发生4～5代，福建、广东1年发生5～6代，以蛹在枝梢上越冬，翌年5月上中旬羽化为成虫。在浙江黄岩橘区，各代幼虫发生期分别为5月中下旬至6月上旬、6月下旬至7月上旬、7月下旬至8月上旬、8月下旬至9月中旬、9月下旬至10月上旬。幼虫为害之前，先吐丝于叶面，以利爬行，遇惊动时伸出翻缩腺。

防治方法：同柑橘凤蝶。

柑橘潜叶蛾

又名画图虫、鬼画符、潜叶虫，属鳞翅目橘潜蛾科，是柑橘苗木、幼年树和成年树嫩梢期的重要害虫。

学名：*Phyllocnistis citrella*（Stainton）

为害状：以幼虫为害柑橘的新梢嫩叶，潜入嫩叶表皮下取食叶肉，形成银白色弯曲的隧道，内留有虫粪，在中央形成1条黑线，由于虫道蜿蜒曲折，导致新叶卷缩、硬化，叶片脱落。此外，幼虫为害造成的伤口有利溃疡病菌的侵入，常诱发柑橘溃疡病的大发生；被害卷叶又为红蜘蛛、介壳虫、卷叶蛾等害虫提供越冬场所。

形态特征：成虫为小型蛾，全体银白色。触角丝状，14节，前翅披针形，缘毛较长，翅基部有2条黑褐色纵纹，长度为翅长的1/2，

柑橘潜叶蛾为害果实

柑橘潜叶蛾为害叶片造成褪绿畸形

柑橘潜叶蛾幼虫为害叶片（画图状）

柑橘潜叶蛾严重为害枝梢和叶片

柑橘潜叶蛾幼虫为害枝

两黑纹基部相接，1条靠翅前缘，1条位于翅中央，2/3处有Y形黑斑纹，顶角有1个大的圆形黑斑，斑前有1个小白斑点。后翅针叶形，缘毛较前翅长。卵扁圆形，无色透明。幼虫体黄绿色，老熟幼虫体扁平，纺锤形，长约4毫米，胸、腹部背面背中线两侧有4个凹陷孔，排列整齐。腹部末端尖细，具1对细长的铗状物。蛹为纺锤形，初为淡黄色，后为深黄褐色。

柑橘潜叶蛾幼虫

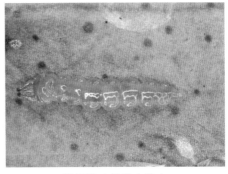

柑橘潜叶蛾幼虫放大

发生规律：在华南橘区1年发生15～16代，浙江黄岩1年发生9～10代，世代重叠，以老熟幼虫和蛹在柑橘的秋梢或冬梢上过冬。以7～9月夏、秋梢抽发期为重，尤以秋梢最为严重。

防治方法：①秋、冬季剪除被害枝梢，以减少越冬虫源。②抹芽控梢，统一放秋梢。应抹除零星抽生的晚夏梢和早秋梢，在大多数芽

柑橘潜叶蛾老熟幼虫

萌发时，统一放秋梢，切断害虫食物链。③药剂防治。在统一放梢期，当新梢芽长5毫米、萌芽率20%左右时立即喷药保护，以后隔7天左右1次，连喷2～3次。药剂可选用2.5%三氟氯氰菊酯乳油3 000～4 000倍液，或20%甲氰菊酯乳油5 000～6 000倍液，或5%虱螨脲悬浮剂2 000～2 500倍液，或10%联苯菊酯乳油2 500～3 000倍液，或10%吡虫啉可湿性粉剂1 500～2 500倍液，或1%阿维菌素乳油3 000～4 000倍液，或5%氟啶脲

乳油1 000 ～ 1 500倍液，或5%氟虫脲乳油1 500 ～ 2 000倍液，或25%除虫脲可湿性粉剂2 000 ～ 3 000倍液等。防治成虫应在傍晚喷药，潜入叶内的低龄幼虫应在午后喷药，并注意药剂的轮换使用。

黄刺蛾

又名刺蛾、八角虫、洋辣子、白刺毛，属鳞翅目刺蛾科。为害柑橘、枣、苹果、梨、柿、核桃、桃等多种果树及部分林木树种。

学名：*Cindocampa flavescens*（Walker）

为害状：初孵小幼虫多集中为害，栖于叶片背面，啃食叶背叶肉而留表皮和叶脉呈透明网状，残留下表皮，以后幼虫开始分散为害，将叶片吃成缺刻或将全部叶片吃光仅留叶柄，高龄幼虫有时还可啃食幼果的果皮。

黄刺蛾低龄幼虫及为害状

形态特征：成虫体肥大，黄褐色，头、胸及腹前后端背面黄色。触角丝状，灰褐色。前翅黄色，顶角至后缘基部1/3处和臀角附近各有1条棕褐色斜纹；沿翅外缘有棕褐色细线；黄色区有2个深褐色斑。后翅淡黄褐色，边缘色较深。卵椭圆形，扁平，表面有线纹。幼虫体长16 ～ 25毫米，肥大，呈长方形，黄绿色，背面有1紫褐色哑铃形大斑。胴部第二节以后各节有4个横列的肉质突起，上生刺毛与毒毛，气门

黄刺蛾成虫

红褐色。气门上线黑褐色，气门下线黄褐色，第一至七腹节腹面中部各有1扁圆形吸盘。蛹椭圆形，黄褐色。茧石灰质坚硬，椭圆形，上有灰白和褐色纵纹，似鸟蛋。

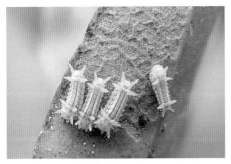

黄刺蛾低龄幼虫

黄刺蛾幼虫

黄刺蛾蛹

黄刺蛾茧

发生规律：在浙江1年发生2代，北方1年发生1代。以老熟幼虫在树枝上结茧过冬，5月下旬至6月上旬第一代幼虫为害。幼虫老熟后即在枝条上作茧化蛹，8月上中旬出现第二代幼虫，8月末、9月上中旬幼虫老熟，在枝条上结茧过冬。

防治方法：①早春结合修剪剪除虫茧，在幼虫孵化盛期摘除有虫的叶片，集中毁灭。②在各代成虫发生期用性诱剂和黑光灯或频振式杀虫灯诱捕成虫。③幼虫密度大时在初龄幼虫发生盛期喷药防治。药剂可用1%阿维菌素乳油、2.5%溴氰菊酯乳油2 000～3 000倍液，或10%联苯菊酯乳油、2.5%三氟氯氰菊酯乳油2 500～3 000倍液，或1%甲氨基阿维菌素苯甲酸盐乳油2 000～3 000倍液，或25%灭幼脲3号胶悬剂1 000～1 500倍液等。

扁刺蛾

又名黑点刺蛾，属鳞翅目刺蛾科。为害柑橘、苹果、梨、桃、李、杏、樱桃、枣、柿、枇杷、核桃等40多种植物。

学　名：*Thosea sinenisi* (Walker)

为害状：同黄刺蛾。

形态特征：成虫体暗灰褐色，腹面及足色深，触角雌丝状，基部10多节呈栉齿状，雄羽状。前翅灰褐稍带紫色，中室外侧有1明显的暗褐色斜纹，中室上角有1黑点，雄蛾较明显。卵扁椭圆形，淡黄绿色，脊隆起。

扁刺蛾低龄幼虫及为害状

幼虫体扁椭圆形，背稍隆似龟背，绿色或黄绿色，背线白色，边缘蓝色；体边缘每侧有10个瘤状突起，上生刺毛，各节背面有2小丛刺毛，第四节背面两侧各有1个红点。蛹前端较肥大，近椭圆形，初乳白色，近羽化时变为黄褐色。茧椭圆形，暗褐色。

扁刺蛾成虫

扁刺蛾低龄幼虫

扁刺蛾低龄幼虫及为害状 　　　　　　　扁刺蛾幼虫

发生规律：长江下游地区1年发生2代，少数3代，以老熟幼虫在树下周围3～6厘米土层内结茧越冬。4月中旬开始化蛹，5月中旬至6月上旬羽化。第一代幼虫发生期为5月下旬至7月中旬，第二代幼虫发生期为7月下旬至9月中旬，第三代幼虫发生期为9月上旬至10月。

防治方法：参考黄刺蛾。

褐刺蛾

又名桑刺蛾、红绿刺蛾、毛辣虫等，属鳞翅目刺蛾科。为害柑橘、桃、梨、柿等。

学名：*Setora postornata* (Hampson)

为害状：以幼虫取食叶肉，仅残留表皮和叶脉。

形态特征：成虫全体土褐色至灰褐色。前翅褐色，前缘近2/3处至近肩角和近臀角处，各具1暗褐色弧形横线。雌蛾体色、斑纹较雄蛾戈。卵扁椭圆形，黄色。老

褐刺蛾低龄幼虫及为害状

熟幼虫体长35毫米，黄色，背线天蓝色，背上有红色纵走条纹2条，每条上有瘤状突起4个。茧灰褐色，椭圆形，表面有深褐色小点。

褐刺蛾成虫

褐刺蛾低龄幼虫

褐刺蛾幼虫（黄色型）

褐刺蛾幼虫（绿色型）

褐刺蛾老熟幼虫

　　发生规律：1年发生2代，以老熟幼虫在树干附近土下3～7厘米处结茧越冬。6月上中旬为成虫羽化和产卵盛期，第一代幼虫于6月中旬出现，第二代幼虫于8月中下旬至9月中下旬出现。

　　防治方法：参考黄刺蛾。

油桐尺蠖

　　又名柑橘尺蠖、大尺蠖。

　　学　名：*Buzura suppressaria* Guenée

　　为害状：以幼虫为害叶片，一、二龄幼虫喜食嫩叶，三龄时将叶缘食成缺刻，四龄后食量剧增，被害叶片往往只留下主脉，严重时全树成为秃枝。

　　形态特征：成虫灰白色，足黄白色，腹面黄色，腹末有一丛黄褐色毛。前翅白色，杂以灰黑色小点，

油桐尺蠖幼虫为害状

油桐尺蠖成虫

并有明显的黑线，自前缘至后缘有3条黄褐色波状纹，以近外缘的1条最明显。卵椭圆形，蓝绿色，卵块上有黄褐色绒毛覆盖。初孵幼虫灰褐色，二龄以后逐渐变为青色，四龄后幼虫的体色则随环境不同而异，有青绿、灰绿、深褐、灰褐等色。头部密布棕色颗粒状小斑点，头顶中央向下凹陷，两侧呈角状突起。前胸背面具有两个小突起。腹足仅存第六、十腹节上的各1对。蛹黑褐色，腹部末节具臀棘，臀棘的基部两侧各有1个突出物。

油桐尺蠖蛹（背面）

油桐尺蠖幼虫

油桐尺蠖蛹（腹面）

　　发生规律：浙江1年发生2～3代，以蛹在表土层中越冬。以5～9月第二、三代为害最重。成虫昼伏夜出，有趋光性。初孵幼虫常在树冠顶部的叶尖直立，或吐丝下垂随风飘散为害。大龄幼虫常在枝杈上搭成桥状。老熟幼虫沿树干下爬，多在树干周围50～60厘米的浅土中化蛹。

　　防治方法：①利用成虫趋光性，采用黑光灯或频振式杀虫灯诱杀成虫。②在老熟幼虫入土化蛹前，可用塑料薄膜在树干周围堆上6～10厘米厚的湿润松土，引诱幼虫化蛹并杀灭。③药剂防治掌握在三龄前，选用2.5%溴氰菊酯乳油3 000～4 000倍液，或2.5%联苯菊酯乳油1 000倍液。

褐带长卷叶蛾

又名柑橘长卷叶蛾、咖啡卷叶蛾、茶卷叶蛾，属鳞翅目卷蛾科。为害柑橘、荔枝、板栗等。

学名：*Homona coffearia* （Meyrick）

为害状：以幼虫为害花器、果实和叶片。幼虫将嫩叶边缘卷曲，以后吐丝缀合嫩叶，藏在其中咀食叶肉，留下一层表皮，形成透明枯斑，不久该表皮破损成为穿孔。后随虫龄增大，食叶量大增，大龄幼虫常将2～3片叶平贴，将叶片食成孔洞或缺刻，或将叶片平贴果实上，将果实啃成许多不规则的紫红色小坑洼。

褐带长卷叶蛾幼虫为害状

形态特征：成虫体暗褐色，头小，头顶有浓褐色鳞片，下唇须上翘至复眼前缘。前翅褐色，雌成虫前翅近长方形，基部有黑褐色斑纹，从前缘中央前方斜向后缘中央后方，有一深褐色带，顶角亦常呈深褐色。后翅为淡黄色。卵扁平，椭圆形，淡黄色，半透明，卵块多由数十粒卵排列成鱼鳞状。老熟幼虫体长13～18

褐带长卷叶蛾为害果实

毫米，体黄绿色，头部黑色或褐色。前胸背板黑色，头与前胸相接的地方有一较宽的白带。蛹黄褐色，第十腹节末端狭小，具8根卷丝状臀棘。

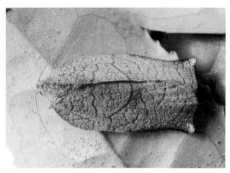

褐带长卷叶蛾雌成虫

褐带长卷叶蛾低龄幼虫

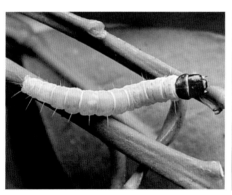

褐带长卷叶蛾幼虫

褐带长卷叶蛾老熟幼虫

褐带长卷叶蛾蛹（背面）

褐带长卷叶蛾蛹（腹面）

发生规律：在浙江和安徽1年发生4代，以老熟幼虫在卷叶或杂草内越冬。浙江第一代幼虫发生在4～5月，主要为害花蕾、嫩叶、幼果。第二代幼虫发生在5～6月，主要为害嫩芽或嫩叶，到9月柑橘果实将成熟有甜味时，幼虫又转而为害柑橘果实，造成大量落果。

防治方法：①冬季清除杂草、枯枝落叶，剪除带有越冬幼虫和蛹的枝叶。春季结合疏花疏果，摘除卵块、蛹和虫苞，集中销毁。②成虫盛发期在橘园中安装黑光灯或频振式杀虫灯诱杀，也可利用糖醋液、性诱剂诱杀成虫。③树冠适期喷药：在谢花期后及幼果期，每隔15天左右喷药1次。在低龄幼虫发生期，药剂可用1%阿维菌素乳油3 000～4 000倍液，或2.5%溴氰菊酯乳油3 000倍液，或2.5%氯氟氰菊酯乳油2 000～3 000倍液。

拟小黄卷叶蛾

又名柑橘丝虫、褐带卷叶蛾，属鳞翅目卷叶蛾科。

学名：*Adoxophyes cyrtosema*（Meyrick）

为害状：以幼虫为害柑橘新梢、嫩叶、花和果实，引起幼果大量脱落，成熟果腐烂，对产量和品质影响很大。

形态特征：雌成虫本黄色，前翅前缘近基有1/3之处有一较粗的黑褐色横向斜纹，翅多为黄色。雄虫前翅有近方形黑褐色纹，两翅并花时成六角形斑点。卵初产时淡黄色，渐变为

拟小黄卷叶蛾幼虫为害状

黄褐色，呈鱼鳞状排列，上覆有胶质薄膜。成熟幼虫体长18毫米，除一龄幼虫头部为黑色外，其余各龄幼虫均为黄色，前胸背板淡黄色，足淡黄色。蛹黄褐色，纺锤形。

拟小黄卷叶蛾成虫

拟小黄卷蛾幼虫

发生规律：在重庆年1年发生8代，广州9代，世代重叠，多以幼虫在卷叶内越冬，在南亚热带橘区少数成虫和蛹也可越冬。越冬幼虫于翌年3月上旬成熟化蛹，3月中旬羽化为成虫，在四川幼虫盛发为害期为4月下旬至6月。

防治方法：同褐带卷叶蛾。

小蓑蛾

又名负囊虫，为害柑橘、苹果、桃等作物。

学名：*Cryptothelea minuscala* Butler

为害状：以幼虫取食为害叶片，将叶咬成破孔或缺刻，亦可为害果实，啃食果皮。

小蓑蛾吸附在果上啃食

小蓑蛾啃食果皮留下的斑痕

形态特征：成虫前翅黑色，后翅银灰色，有光泽。幼虫体长8毫米，乳白色，中、后胸背面硬皮板褐色，分为4块，中间两块大。卵椭圆形，米色。蛹体乳白色，纺锤形。护囊长约10毫米，囊表附有细碎叶片和枝皮，囊口附近有丝1条。

小蓑蛾幼虫　　　　　　　　　　　　小蓑蛾茧

发生规律：1年发生2代，各代幼虫分别在5月中旬至6月初、9月中旬至10月初发生，初孵幼虫能吐丝随风迁移。

防治方法：冬季修剪时摘除虫袋。利用其趋光性，可采取灯光诱杀成虫。在幼虫发生期用药防治，药剂可参考油桐尺蠖。

柑橘灰象甲

又名灰鳞象鼻虫，俗称泥翅象鼻虫，属鞘翅目象甲科。主要为害柑橘类、桃、李、杏、无花果等多种作物。

学名：*Sympiezomia citre*（Chao）

为害状：以成虫为害柑橘的叶片及幼果，老叶受害常造成缺刻，嫩叶受害严重时被吃光，嫩梢被啃食成凹沟，严重时萎蔫枯死，幼果受害呈不整齐的凹陷或留下疤痕，重者造成落果。

形态特征：体密被淡褐色和灰白色鳞片。头管粗短，背面漆黑色，中央纵列1条凹沟，从喙端直伸头顶，其两侧各有1浅沟，伸至复眼前面，前胸长略大于宽，两侧近弧形，背面密布不规则瘤状突起，中央纵贯宽大的漆黑色斑纹，纹中央具1条细纵沟，每鞘翅上各有10条由刻点组成的纵行纹，行间具倒伏的短毛，鞘翅中部横列1条灰白色斑纹，鞘翅基部灰白色。

柑橘灰象甲成虫

雌成虫鞘翅端部较长，合成近V形，腹部末节腹板近三角形。雄成虫两鞘翅末端钝圆，合成近U形。末节腹板近半圆形，无后翅。卵长筒形而略扁，乳白色，后变为紫灰色。末龄幼虫体乳白色或淡黄色。头部黄褐色，头盖缝中间明显凹陷。腹部末节的背、腹面均分成3个明显的骨化部分：背面中间部分略呈心脏形，有刚毛3对。背面两侧骨化部分与腹面两侧骨化部分相接处各生1根刚毛。位于肛门腹方的一块骨化部分较小，近圆形，其后缘有刚毛4根。蛹淡黄色，头管弯向胸前，上额似大钳状，前胸背板隆起，中胸后缘微凹，背面有6对短小毛突，腹部背面各节横列6对刚毛，腹末具黑褐色刺1对。

发生规律：1年发生1代，以成虫在土壤中越冬。翌年3月底至4月中旬出土，4月中旬至5月上旬是为害高峰期，5月为产卵盛期，5月中下旬为卵孵化盛期。

防治方法：①冬季结合施肥，将树冠下土层深翻15厘米，破坏土室。②3月底至4月初成虫出土时，在地面喷洒50%辛硫磷乳油200倍液，使土表爬行的成虫触杀死亡。③人工捕杀。成虫上树后，利用其假死性振摇树枝，使其跌落在树下铺的塑料布上，然后集中销毁。④春、夏梢抽发期，成虫上树为害时，用26%联苯·螺虫酯悬浮剂5 000倍液，或2.5%溴氰菊酯乳油1 500倍液，或2.5%联苯菊酯乳油1 000～1 250倍液喷杀。

棉蝗

又名大青蝗、蹬山倒，属直翅目蝗科。

学名：*Chondracris rosea* de Geer

为害状：成虫、若虫取食叶片，多从叶片的边缘开始取食，轻者吃成缺刻，重者全叶吃光，仅残留枝秆。

形态特征：雄虫身体黄绿色。后翅基部玫瑰红色。头顶中部、前胸背板沿中隆线以及前翅臀脉区域具有黄色纵条纹。头较大，短于前胸背板长度，颜面向后倾斜，且隆起扁平。前胸背板粗糙，中隆线高，侧面呈弧形。

发生规律：棉蝗每年发生1代，以卵块在土中越冬。翌年4月孵化为蝗蛹，6～7月陆续羽化为成虫，7～10月交尾产卵。成虫交尾高峰期为7～8月，产卵高峰期为7月下旬至8月中旬，产卵时用产卵瓣掘土成穴产卵，每头雌虫一次产卵1～2块。成虫至10月下旬死亡。

防治方法：抓住三龄前蝗虫群集为害时突击防治。药剂可选用50%辛硫磷乳油1 000倍液，或2.5%氯氟氰菊酯乳油2 000～3 000倍液，或10%高效氯氰菊酯乳油1 500～2 000倍液，或200亿孢子/克球孢白僵菌可分散油悬浮剂

棉蝗为害状

棉蝗成虫

50～100毫升，间隔12～15天用药1次，连续2～3次。

中华稻蝗

属直翅目斑腿蝗科。

学名：*Oxya chinensis*（Thunberg）

为害状：参考棉蝗。

形态特征：成虫体长30～44毫米，雌大雄小，黄绿色或黄褐色，触角褐色，丝状。头部两侧复眼后方各有1条深褐色纵带，直达前胸背板后缘及

翅基部。雄虫尾须近圆锥形，雌虫下生殖板表面向外突出。卵长约4毫米，长圆筒形，中部稍弯，两端钝圆，深黄色，由平均30多粒卵不很整齐地斜排成卵块，卵块处包有坚韧胶质卵囊。若虫称蝗蝻，形似成虫，一般6龄。体绿色，胸背面中央为浅色纵带。

中华稻蝗成虫　　　　　　　　　中华稻蝗蝗蝻

发生规律：上海、浙江、湖北1年发生1代，以卵越冬。浙江第二年5月上旬孵化若虫，6月上旬至中旬出现三龄若虫，7月下旬至11月中旬为成虫期，9月中旬至10月上旬为产卵期。湖北汉川县于第二年4月上旬至6月上旬孵化若虫，5月下旬至7月下旬出现三龄若虫，6月下旬至11月为成虫期，9～10月为产卵期。一至三龄若虫多在荒湖草地中群集生活，以杂草为食，扩散范围不大；三龄以后开始分散，迁移至作物上食害叶片，并随着龄期增长，食量显著增加，造成危害加重。

防治方法：参考棉蝗。

短额负蝗

又名中华负蝗、尖头蚱蜢、小尖头蚱蜢，属直翅目锥头蝗科。

学名： *Atractomorpha sinensis* Bolvar

为害状：参考棉蝗。

形态特征：成虫体长20～30毫米，绿色或褐色（冬型）。头尖削，绿色型自复眼起向斜下有1条粉红纹，与前、中胸背板两侧下缘的粉红纹衔接。体表有浅黄色瘤状突起；后翅基部红色，端部淡绿色；前翅长度超过后足腿节端部约1/3。卵长椭圆形，中间稍凹陷，一端较粗钝，黄褐至深黄色，卵壳表面呈鱼鳞状花纹。卵粒在卵块内倾斜排列成3～5行，并有胶丝裹成卵囊。若虫共5龄：一龄若虫草绿稍带黄色，前、中足褐色，有棕色环若干，全身布满颗粒状突起；二龄若虫体色逐渐变绿，前、后翅芽可辨；三龄若虫前胸背板稍凹以至平直，翅芽肉眼可见，前、后翅芽未合拢盖住后胸一半至全部；四龄若虫前胸背板后缘中央稍向后突出，后翅翅芽在外侧盖住前翅芽，开始合拢于背上；五龄若虫前胸背面向后方突出较大，形似成虫，翅芽增大到盖住腹部第三节或稍超过。

短额负蝗为害状

短额负蝗成虫

短额负蝗成虫（冬季型）

短额负蝗若虫

发生规律：在华北1年发生1代，江西1年发生2代，以卵在沟边土中越冬。5月下旬至6月中旬为孵化盛期，7～8月羽化为成虫。喜栖于地面植被多、湿度大、双子叶植物茂密的环境，在灌渠两侧发生多。有群集的习性，孵化后，一至三龄前，群聚成团为害。

防治方法：参考棉蝗。

恶性叶甲

又名黑叶跳虫、黑蚤虫、黄滑牛，属鞘翅目叶甲科。寄主仅限于柑橘类，春梢受害最重。

学名：*Clitea metallica* Chen

为害状：以成虫和幼虫为害新芽、嫩叶、嫩茎、花蕾。成虫常聚集于嫩梢取食叶片，并分泌黏液，排泄粪便污染嫩叶，使叶变焦枯而萎缩脱落。芽、叶被食后残缺，花蕾受害后干枯，幼果常被咬成大而多的缺刻，变黑脱落。幼虫孵化后群集取食嫩叶，从叶背面开始取食，吃去叶肉，残留表皮，幼虫逐渐长大后，连叶表皮均被食掉，二、三龄幼虫食叶成孔洞，或沿叶缘向内蛀食，排粪便于体背面。

恶性叶甲成虫为害状

形态特征：成虫长椭

圆形，蓝黑色，有金属光泽。头、胸和鞘翅蓝黑色，头小，缩入前胸，口器、足及腹部腹面均为黄褐色，触角丝状，黄褐色。前胸背板密布小刻点，在鞘翅上排列成10行；胸部腹面黑色。卵长椭圆形，初为白色，渐变为黄白色，孵化前为深褐色，卵壳外被黄褐色网状黏膜。老熟幼虫体长6～7毫米，头部黑色，胸、腹部草黄色，半透明；前胸背板具深色骨化区，半月形，胸足黑色。裸蛹，椭圆形，由淡黄色渐变为橙黄色，头向腹部弯曲，体背有刚毛。

恶性叶甲成虫

恶性叶甲卵

恶性叶甲即将孵化的卵

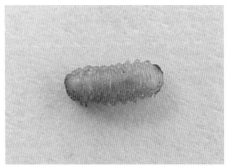

恶性叶甲蛹

发生规律：浙江、四川1年发生3代，江西、湖南、福建1年发生3～4代，以成虫在树干上的裂缝、地衣、苔藓下或霉桩、树穴、杂草、枯枝、卷叶、松土中越冬。在浙江黄岩橘区各代发生期分别为4月下旬至5月中旬、7月下旬至8月上旬和9月中下旬。一般以第一代幼虫为害春梢最为严重。成虫善飞善跳，有假死性。卵多附着在嫩叶背面或叶边缘、叶尖上。

防治方法：①春季萌芽前彻底清除树上的霉桩、枯枝、老死翘皮、苔藓、地衣、落叶、杂草等成虫越冬和幼虫化蛹场所，堵塞树洞。并用2～3波美度石硫合剂喷布枝干或涂刷涂白剂。②在主干上捆扎带有少量泥土的稻根或稻草，诱集幼虫化蛹，在成虫羽化前集中销毁。③在开花前后幼虫大量出现和5月中下旬成虫大量取食时，喷20%甲氰菊酯乳油、2.5%溴氰菊酯乳油、2.5%氯氟氰菊酯乳油2 500～3 500倍液、1.8%阿维菌素乳油2 000～3 000倍液，或2.5%鱼藤酮乳油160～320倍液等，卵孵化盛期可选用5%氯虫苯甲酰胺悬浮剂1 000倍液，隔7～10天1次，喷1～2次。

柑橘潜叶甲

又名柑橘潜叶跳甲、橘潜叶虫、红狗虫、橘潜蜍，属鞘翅目叶甲科。
学名：*Podagricomela nigricollis* Chen
为害状：成虫为害柑橘嫩芽、幼叶，幼虫孵化后即钻入叶内潜食成隧道。成虫先在叶背表面取食叶肉，仅留表皮，叶片呈现白斑。成虫有群集性和假死性。

柑橘潜叶甲成虫为害状

柑橘潜叶甲幼虫为害状

形态特征：成虫椭圆形，背面中央隆起。头、前胸背板、足及触角为黑色，头向前倾斜，背面中央隆起，翅鞘及腹部均为橘黄色，肩角黑色。前胸背板遍布小刻点，翅鞘上有纵列刻点11行。卵椭圆形，黄色，横粘叶上，表面有六角形或多角形网状纹。老熟幼虫体

柑橘潜叶甲幼虫严重为害状

长4.7～7.0毫米，全体深黄色。前胸背板硬化，胸部各节两侧圆钝，从中胸起宽度渐减。各腹节前狭后宽，几成梯形。蛹淡黄至深黄色。头部向腹部弯曲，口器达前足基部，复眼肾脏形，触角弯曲。全体有刚毛多对，腹部端具臀叉，其端部黄褐色。

柑橘潜叶甲成虫

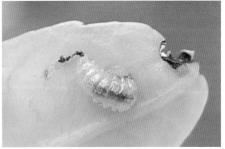

柑橘潜叶甲幼虫

发生规律：在华南1年发生2代，浙江为1代，以成虫在土中或树皮下越冬。在浙江黄岩，3月下旬至4月上旬开始活动，4月上中旬产卵，4月上旬至5月中旬为幼虫为害期，5月上中旬化蛹，5月中下旬成虫羽化，6月上旬开始蛰伏。成虫群居，喜跳跃，有假死习性，取

柑橘潜叶甲老熟幼虫

食嫩芽、嫩叶，卵产于嫩叶叶背或叶缘上。幼虫孵化后，即钻孔入叶，蜿蜒取食前进，新鲜的虫道中央，有幼虫排泄物形成的黑线1条。幼虫老熟后多随叶片落下，咬孔外出，在树干周围的松土中作蛹室化蛹，入土深度一般3厘米左右。

防治方法：幼虫为害期及时摘除被害叶或扫除落叶加以销毁，以杀灭叶内幼虫，化蛹盛期中耕松土以灭杀虫蛹。在越冬成虫恢复活动盛期和一龄幼虫发生期喷药防治。药剂可参见恶性叶甲。

枸橘潜叶甲

又名拟恶性叶甲、潜叶绿跳甲、枸橘潜叶跳甲、枸橘潜斧、枳壳潜叶甲等，属鞘翅目叶甲科。寄主仅限于柑橘类果树，主要分布在我国南方各柑橘产区。

学名：_Podagricomela weisei_ Heikertinger

为害状：成虫、幼虫主要为害春梢嫩叶，以幼虫为害最烈。在枳、枳橙、枳柚、柑、橘、橙、柚上均可发生。越冬成虫将叶片吃成缺刻，当年孵化的成虫则先食叶片背面表皮，再食叶肉，留下叶片上表皮成薄膜状圆孔或不规则白斑。食物紧缺时，当年孵化的成虫除为害春叶外，还啃食早夏梢和枝梢表皮。幼虫孵化后从叶片背面钻入叶肉，蜿蜒取食前进，使叶片上出现宽短的亮泡蛀道，虫体清晰可见，其中有由幼虫排泄物形成的一条黑线，为害状与柑橘潜叶甲十分相似。幼虫为害的叶片多萎黄脱落，严

枸橘潜叶甲成虫为害叶片

枸橘潜叶甲幼虫为害嫩枝

枸橘潜叶甲幼虫为害状

重时全株嫩叶相继脱落，导致落花落果，影响产量。

形态特征：成虫体宽椭圆形，头黄褐色，向前倾斜，复眼黑色，小盾片淡红色，触角丝状，11节，基部4节黄褐色。前胸背板和鞘翅通常为金属绿色，前胸背板上有微细刻点，每翅上有纵行刻点沟纹11行，易见9行，胸部腹面黑色，足橘黄色。卵椭圆形，初为黄色，孵化前微带灰色。幼虫体扁平，黄色，头部色较深，胸部前狭后宽，梯形，前胸背板硬化，足暗灰色。蛹深黄色，头部向下弯曲，复眼肾形。成虫与恶性叶甲成虫形态极相似。

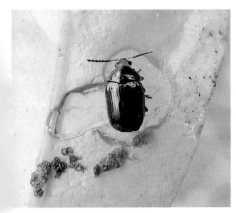

枸橘潜叶甲成虫

枸橘潜叶甲幼虫

枸橘潜叶甲老熟幼虫 枸橘潜叶甲蛹

发生规律： 1年发生1代，以成虫在树皮裂缝、地衣、苔藓和树干附近土中越冬。3月下旬至4月中旬柑橘树萌芽抽梢时，越冬成虫恢复活动并上树取食春梢嫩叶，将卵产于嫩叶背面，尤以叶尖、叶缘居多。越冬成虫产的卵多从4月上中旬开始孵化，4月上旬至5月中旬为幼虫为害期。5月下旬至6月上旬为当年羽化成虫为害期，6月中旬以后气温升高，成虫潜伏越夏，后转入越冬。成虫喜群居，能飞善跳，白天活动，有假死性，遇到惊扰即从树上坠下或跳跃逃逸，大多在8:00～10:00取食为害，高温烈日下常潜伏在叶片背面和阴凉处。幼虫有转叶钻蛀的习性，通常一生要换1次蛀道。变换蛀道可在同一片叶，也可在另一片叶上进行。幼虫老熟后随受害叶片掉落到地面，多在距树干1.3～1.6米范围内的松土中作蛹室化蛹。枸橘潜叶甲的大发生与果园栽培管理粗放、长期忽视防治有关。园内灌木杂草多、树干上地衣苔藓多、树皮裂缝多均有利于其越冬。果园管理粗放就会大大增加害虫的越冬场所，而长期忽视防治，虫源不断累积，使得虫口基数逐渐增大，为害逐年加重。

防治方法： ①清洁橘园。春季萌芽前彻底清除树上的霉桩、枯枝、老死翘皮、苔藓、地衣、落叶、杂草等成虫越冬和幼虫化蛹场所。对枝干上的苔藓、地衣，可人工刮除，或采取喷洒松脂合剂(冬季至春季萌芽前使用10～15倍液，晚秋使用15～20倍液)或95%机油乳剂(冬季和早春采用50～100倍液)的方法加以防治。②翻耕松土。枸橘潜叶甲为害严重的果园，可在11月或5月上中旬翻耕松土，减少成虫虫源。③捕杀成虫。可在成虫盛发期利用其假死性，于地面铺上塑料薄膜，然后摇树，将振落的成虫集中捕杀。④4～5月幼虫发生期，要及时摘除被害叶片并扫除新鲜落叶加以销毁，以消灭即将入土化蛹的幼虫。⑤喷药保梢。4～5月要抓住越冬成虫活动盛期、幼虫孵化初期两个关键时期及时喷药，以保护春梢嫩叶。越冬成虫活动盛期可使用90%敌百虫晶体800～1 000倍液、50%辛硫磷乳油500～1 000倍液、20%甲氰菊酯乳油或2.5%溴氰菊酯或2.5%氯氟氰菊酯乳油2 500～3 500倍液、1.8%阿维菌素乳油2 000～3 000倍液、2.5%鱼藤酮乳油160～320倍液等，卵孵化盛期选用5%氯虫苯甲酰胺悬浮剂1 000倍液、10%吡虫啉可湿性粉剂2 000～3 000倍液等具有内吸、渗透作用的杀虫剂。发生严重的果园，间隔7～10天再喷1～2次药，以杀死上树成虫和叶内幼虫。

2.以为害枝干为主的害虫

星天牛

又名抱脚虫、脚虫、盘根虫、花牯牛，为害柑橘、枇杷、梨、桃、杏、无花果、苹果、樱桃等作物。

学名：*Anoplophora chinensis*（Forster）

为害状：以幼虫蛀害柑橘主干基部及距地面45厘米范围内的茎干和地下主侧根。初孵幼虫在树皮下蛀食，在皮层中蛀食时所排泄的粪便填塞于皮下。2个月后蛀入木质部，直至根部，其咬碎的木屑及粪便部分填塞虫道，部分排出孔外，排出的粪便成堆聚集在树干基部周围，虫粪为木质纤维，较粗糙，初为白色，后变黄褐色，受害橘树生长不良，致使树枝枯黄落叶，甚至整株枯死。

星天牛为害状（蛀孔及粪屑）

星天牛成虫为害枝

星天牛为害主茎

星天牛幼虫为害树干

星天牛幼虫为害柑橘根排出粪屑

星天牛幼虫为害柑橘根

星天牛为害茎后上部叶片枯黄

形态特征：成虫漆黑色，有光泽。雌虫触角比体略长，雄虫超过体长1倍。前胸背板光滑，胸部两侧有向外的突角。鞘翅上有白色细毛组成的斑点，每翅约有20个，呈不整齐的5横行。卵长圆筒形，初为乳白色，后为黄褐色，形似米粒。幼虫初孵化时体长4毫米，成熟幼虫体长45～65毫米，乳白色，圆筒形。头部和口器褐色，胸部肥大，前胸背板前方左右各有1黄褐色飞鸟形斑纹，后半部有一块"凸"字形大斑纹，略隆起，全体有稀疏褐色细毛。胸足退化，中胸腹面、后胸及腹部一至七节背腹两面均有移动器。蛹长约30毫米，乳白色，后变为黑褐色，触角细长卷曲，体似成虫。

星天牛成虫

星天牛初孵幼虫

星天牛低龄幼虫

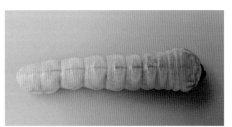

星天牛幼虫

星天牛幼虫（示头胸部飞鸟形斑纹及"凸"字形大斑块）

星天牛蛹

发生规律：南方1年发生1代，北方2～3年发生1代，以幼虫在树干基部或主根内越冬。4月下旬开始出现成虫，5、6月为羽化盛期，5月底至6月中旬为产卵盛期，产卵痕L形或⊥形，产卵处表面湿润，有树脂泡沫流出。

防治方法：①人工捕捉成虫。5～7月成虫发生期，于闷热的晴天中午进行人工捕杀。②树干涂白。在成虫羽化产卵前用生石灰5千克，硫黄0.5千克，水15千克，盐、油各0.35千克，调成灰浆，涂刷树干和基部，可减少成虫产卵。③刮杀虫卵、低龄幼虫。在6～8月用利刀刮杀虫卵（流胶泡沫处）。④钩杀幼虫或药杀幼虫。春、秋季发现树干基部有新鲜虫粪时，及时用粗铁丝将虫道内的虫粪清除后进行钩杀，后用脱脂棉球蘸80%敌敌畏乳油5～10倍液塞入虫孔内，然后用湿泥土封堵，以毒杀幼虫。⑤5月下旬至8月星天牛产卵期，可用农药拌沙土堆在柑橘树蔸处或在树干基部喷布氟氯氰菊酯，驱避其产卵。在成虫活动盛期，用80%敌敌畏乳油掺和适量水和黄泥，搅成稀糊状，涂刷在树干基部或距地面30～60厘米以下的树干上，可毒杀在树干上爬行及咬破树皮产卵的成虫和初孵幼虫。⑥成虫期选择晴天将2%噻虫啉微囊悬浮剂1 000～2 000倍液喷洒在枝干、树冠和其他天牛成虫喜出没之处。在成虫出孔盛期，还可喷2.5%溴氰菊酯、2.5%三氟氯氰菊酯、5%高效氯氰菊酯、20%甲氰菊酯乳油1 000～3 000倍液，或10%吡虫啉可湿性粉剂1 500倍液，隔5～7天喷树干1次，每次喷透，使药液沿树干流到根部。或用上述菊酯类农药200～400倍液、有机磷类农药50～100倍液涂干。

褐天牛

又名老木虫、桩虫、黑牯牛、牵牛虫、牛头夜叉，属鞘翅目天牛科。主要为害柑橘，其次为葡萄，在柑橘上以幼虫为害主干或主枝，受害枝常千疮百孔，易被风吹断。

学名：*Nadezhdiella cantori*（Hope）

为害状：低龄幼虫先在卵壳附近皮层下横向蛀食，有

褐天牛为害状

泡沫状物流出。在皮层中取食7～20天后，幼虫长达10～15毫米时，即开始蛀入木质部，通常先横向蛀行，然后多转为向上蛀食。低龄幼虫的虫粪一般呈白色粉末，附着于被害孔口外；中龄幼虫的虫粪一般呈锯木屑状，散落于地面；高龄幼虫的虫粪呈粒状，老熟幼虫虫粪中杂有粗条状木屑。

形态特征：成虫体黑褐色到黑色，有光泽，被灰黄色短绒毛。头、胸背面稍带黄褐色。头顶至额中央有1深沟，触角基瘤隆起。雄虫触角超过体长1/2～2/3，雌虫触角较体略短。前胸背板除前后两端各具1、2条横脊外，其余呈脑状皱纹，被灰黄色绒毛，两侧各具刺状突起1个。鞘翅刻点细密，肩角隆起。卵黄褐色，卵圆形。老熟幼虫体长50～60毫米，乳白色，前胸背板前方有横列成4段的黄褐色宽带，位于中央的2段较长，两侧较短，有胸足3对。中胸腹面、后胸及腹部第一至七节的背腹两面均有移动器。蛹体乳白色或淡黄色，翅芽达腹部第三节末端。

褐天牛成虫

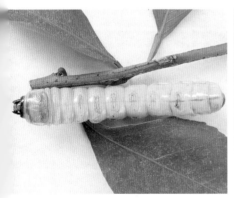

褐天牛幼虫

褐天牛幼虫前胸背板4段黄褐色宽带

发生规律：在四川两年发生1代，以幼虫和成虫在树干内越冬。成虫4月下旬至7月陆续出现，6月前后为盛发期，成虫以晚上8～9时活动最盛。

防治方法：参考星天牛。

光盾绿天牛

又名光绿橘天牛，俗名枝尾虫、吹箫虫，属鞘翅目天牛科。中国各柑橘产区以及印度、缅甸、越南均有分布，国内分布于福建、广东、广西、四川、江苏、安徽等，以幼虫蛀害多种芸香科植物，严重影响树势，造成柑橘产量锐减。

学名：*Chelidonium arentatum*

为害状：初幼虫蛀入枝条，先向梢端蛀食，被害梢随即枯死，然后再由小枝蛀入大枝，每隔5～20厘米钻一排粪通气孔，状如箫孔，故又有"吹箫虫"之称。幼虫老熟后在蛀道内作蛹室化蛹。

光盾绿天牛成虫为害状

光盾绿天牛幼虫为害造成流胶

光盾绿天牛为害造成流胶

光盾绿天牛为害枝条排出木屑

形态特征：成虫体墨绿色，有光泽，触角和足为深蓝色至黑紫色，体长24～27毫米，体宽6～8毫米。头部、鞘翅、触角的柄节和足的腿节上均布满细密的刻点。触角长度大于体长，前胸长和宽约相等。雄虫腹部腹面可见6节，第六节后缘凹陷；雌虫腹部腹面只见5节，第五节后缘拱凸为圆形。卵黄绿色，长扁圆形。老熟幼虫体长46～51毫米，淡黄色，体表具分布不均的褐色毛。头部较小，其宽度稍大于前胸背板的1/2。3对胸足细小，末端尖细无爪。前胸背板中央横列4个褐色斑纹。蛹黄色，头部长形，向后贴向腹面，翅芽伸达腹面第三节，被褐色毛。

发生规律：在广东、福建1年发生1代，跨年完成。以幼虫在枝梢蛀道中越冬。成虫于4月中旬至5月初开始出现，盛发于5～6月。成虫羽化出洞后，取食寄主嫩叶补

光盾绿天牛为害孔

光盾绿天牛成虫

光盾绿天牛幼虫

光盾绿天牛幼虫及为害状

充营养，交尾后多选择在寄主嫩绿细枝的分杈口或叶柄与嫩枝的分杈口上产卵，每处产卵1粒。卵期18～19天。幼虫孵出后从卵壳下蛀入小枝条，先向梢端蛀食，被害枝梢枯死，然后转身向下，由小枝蛀入大枝。洞孔的大小与数目随幼虫的成长而渐增。在最后一个洞孔下方的不远处，即为幼虫潜居处，据此可以追踪幼虫之所在。受害的枝梢极易被风吹折。

　　防治方法：①捕捉成虫。在成虫羽化盛期的5～7月间及时捕捉。②及早剪除有虫枝梢。检查天牛喜产卵的部位和幼虫最初为害状（为害处有流胶），剔除幼虫和卵；在幼虫发生为害始盛期（6～7月间），经常巡视果园，发现受害枝梢萎蔫、叶片枯黄而未脱落时应立即剪除。③发现树干基部有鲜虫粪时用铁丝钩捕。④虫孔注射药液。找出被害株最下的一个虫孔（有新鲜虫粪排出），用注射器将80%敌敌畏乳油20～30倍液注入虫孔内，注射后用黏土将此枝条上面的各虫孔堵塞，以免药液从虫孔溢出。或用棉花蘸80%敌敌畏乳油10～20倍液塞入蛀孔，再用湿泥封堵虫孔熏杀幼虫。处理后1个月左右检查，如枝梢上无新的虫孔出现及无新的虫粪排出，说明其中的幼虫已经死亡。药剂防治可参考星天牛。

柑橘爆皮虫

又名柑橘锈皮虫、柑橘长吉丁虫，属鞘翅目吉丁虫科。为害柑橘类。

学名：*Agrilus auriventrsi*（Saunders）

为害状：幼虫初孵后，先在皮层浅处为害，其外流出褐色透明胶质状液滴，以后随着虫龄长大逐渐蛀入深处，并向各方向蛀食，形成许多弯弯曲曲的不规则虫道，其内充满虫粪，后树皮干枯爆裂，造成枝干枯死。成虫可为害嫩叶，形成小缺刻。

柑橘爆皮虫低龄幼虫为害造成的流胶

柑橘爆皮虫低龄幼虫为害状　　　　　柑橘爆皮虫高龄幼虫为害状

柑橘爆皮虫幼虫造成的裂皮　　　　　柑橘爆皮虫幼虫造成的虫道

柑橘爆皮虫幼虫造成植株失水枯萎　　　柑橘爆皮虫幼虫造成枯枝

形态特征：成虫体长7～9毫米，黑色，具有金属光泽。雌虫头部金黄色，雄虫头部翠绿色，复眼黑色，触角锯齿状。前胸背板与头等宽，上密布很细的皱纹；翅鞘上密布细小刻点。卵扁平，椭圆形，初产时乳白色，后变橙黄色。老熟幼虫体长16～21毫米，扁平，口器黑褐色，头小，褐色，体表有皱纹，胴部乳白色。前胸特别膨大，背、腹面中央各有1条明显纵纹；中胸最小，胸足退化。腹部9节，各节的后缘比前缘宽，前8节各有气孔1对，末节尾端有1对黑褐色尾叉。蛹扁圆锥形，初蛹期为

柑橘爆皮虫成虫

乳白色，柔软多褶，后变黄色，最后变蓝黑色，具金属光泽。

柑橘爆皮虫低龄幼虫

柑橘爆皮虫高龄幼虫

发生规律：在浙江一般1年发生1代，以各龄幼虫在树干皮层下（低龄）或木质部（老熟幼虫）内越冬，3月下旬开始化蛹，4月下旬为化蛹盛期，成虫有假死性，5月上旬为第一批成虫羽化盛期，5月中旬成虫开始咬穿木质部和树皮作D形羽化孔出洞，5月下旬为出洞盛期，并开始产卵，6月中下旬为产卵盛期，6月中旬卵开始孵化，7月上中旬为孵化盛期，后期成虫出洞分别在7月上旬和8月下旬。

防治方法：①在4月中旬以前彻底挖除并处理好被害严重和枯死的橘树。

②在成虫产卵前的5月进行树干涂白，减少产卵。③初孵幼虫盛发期刮杀、毒杀幼虫。6～8月注意勤检查，发现树干上有泡沫状物或汁液浸出时，用小刀刮杀皮下幼虫或在被害处间隔1～1.5厘米纵划2～3刀，深达木质部，再涂80%敌敌畏乳油20倍液加10%吡虫啉可湿性粉剂1 500倍液灭杀初孵幼虫。

六星吉丁虫

又名柑橘大爆皮虫，属鞘翅目吉丁虫科。

学名：*Chrysobothris succedanea* Saunders

为害状：以幼虫蛀食橘树枝干的皮层及木质部，使树势衰弱，枝条枯死。幼虫在韧皮部内蛀食，虫道弯曲，充满褐色虫粪和蛀屑，虫粪不外排。在木质部蛀成蛹室化蛹。在孔道底部啮成云纹状细纹，羽化时常啮破树皮成扁圆孔。白天栖息于枝叶间，可取食叶片成缺刻，有坠地假死习性。

六星吉丁虫幼虫及为害状

形态特征：成虫体长10～13毫米，蓝黑色，有光泽。腹面中间亮绿色，两边古铜色。触角锯齿状，两鞘翅上各有3个稍下陷的青色小圆斑，常排成整齐的1列。卵扁圆形，初为乳白色，后为橙黄色。老熟幼虫体长15～26毫米，黄白色，头黑色，前胸背板特大，较扁平，有圆形硬褐斑，中央有V形花纹。其余

六星吉丁虫高龄幼虫背面

各节圆球形，念珠状，从头到尾逐节变细。尾部一段常向头部弯曲，为鱼钩状。尾节圆锥形，短小，末端无钳状物。蛹为裸蛹。

发生规律：1年发生1代，在10月前后以老熟幼虫在木质部内作蛹室越冬。成虫发生期在5～7月，6月为出洞高峰期。6月下旬至7月上旬为产卵盛期。

防治方法：参考柑橘爆皮虫。

柑橘溜皮虫

又名车皮虫、缠皮虫，属鞘翅目吉丁虫科。为害柑橘类。

学名：*Agrilus* spp.

为害状：初孵幼虫先在枝条皮层蛀食为害，被害处表面有泡沫状流胶。随后幼虫在皮层与木质部之间自上部向下蛀食，形成似螺旋形的虫道，受害处树皮开裂，若缠绕树枝为害，则养分不能输送而上部枝条枯死。

柑橘溜皮虫为害造成泡沫状物

形态特征：成虫体略具金属光泽，体比爆皮虫大，头部具纵行皱纹，全体黑色；前胸背板中部前后各可见2处浅宽凹窝，整个背板有横行及斜行交错的细脊纹。腹面呈绿色，翅鞘黑色，上密布细小刻点，并有不规则的白色细毛形成的花斑。以鞘翅末端1/3处的花斑最为显著。卵馒头形，初产时乳白色，渐变黄色，孵化前变为黑色。老熟幼虫体长26毫米左右，体扁平，白色。胴部13节，前胸特别膨大，黄色，中央有1条纵带，中央隆起，各节前狭后宽，腹部末端有黑褐色钳形突起1对。蛹纺锤形，先为乳白色，羽化前呈黄褐色。

发生规律：1年发生1代，以幼虫在树枝木质部越冬。在浙江黄岩于4月中旬开始化蛹，5月上旬开始羽化，5月下旬开始出洞，6月上旬为出洞盛期。由于成虫出洞期有早有晚，故其产卵、孵化及幼虫活动期不齐。

柑橘溜皮虫成虫

防治方法：①结合冬季和早春修剪剪除虫枝，挖除死树，于5月上中旬成虫出洞前集中销毁。②灭杀幼虫。在6月下旬至7月上旬幼虫孵化盛期，发现有初孵幼虫为害（出现泡沫状胶液）时，用刀刮杀。若幼虫已钻入木质部，则可在已入木质部幼虫的最后一个螺旋弯道内寻找半月形的蛀孔处，顺螺旋纹方向转45°角，距进孔口约1厘米处，用尖钻刺杀幼虫。或在被害部位涂抹药剂，方法同爆皮虫。③毒杀成虫。方法参考爆皮虫。

豹蠹蛾

又名咖啡木蠹蛾、咖啡豹蠹蛾、豹纹木蠹蛾，属鳞翅目豹蠹蛾科。为害柑橘、荔枝、龙眼、梨、柿、批把、桃、葡萄、枣等，是柑橘上的一种新害虫。

学名：*Zeuzera coffeae* (Nietner)

为害状：以幼虫蛀食柑橘等果树枝干木质部，隔一定距离向外咬1排粪孔，多沿髓部向上蛀食，造成折枝或枯萎。幼虫有转梢为害的习性，经多次转移，可为害2～3年生枝条。

豹蠹蛾低龄幼虫为害状

豹蠹蛾为害茎上的蛀孔

豹蠹蛾为害的上部枝条枯死

豹蠹蛾幼虫及为害状

豹蠹蛾幼虫为害造成枯梢

　　形态特征：成虫体被灰白色鳞毛，胸部背面有3对青蓝色点纹。翅灰白色，前翅散生蓝黑色斑点，后翅有1青蓝色条纹。卵椭圆形，两端钝圆，黄白色，孵化前为紫黑色。老熟幼虫体长21～30毫米，初孵幼虫为紫红色，成长后变为暗紫红色，全体被稀疏白色细毛，头、胸深褐色，腹面黄白色，前胸背板黄褐色。蛹赤褐色，腹末有6对短臀刺。

　　发生规律：1年发生1代，以幼虫在柑橘枝干蛀道内缀合虫粪木屑封闭两端静伏越冬，在浙江4月中旬化蛹，5月上旬羽化。

豹蠹蛾成虫

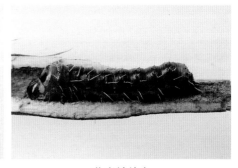
豹蠹蛾幼虫

防治方法：①及时剪除受害枝，集中销毁或深埋。②成虫盛发期用黑光灯或频振式杀虫灯进行诱捕。③在卵孵化盛期，初孵幼虫未钻入枝梢前，喷2.5%氯氟氰菊酯乳油3 000倍液、2.5%联苯菊酯乳油1 500倍液，或用80%敌敌畏乳油20～50倍液灌注蛀道，灌注后堵塞排粪孔，毒死幼虫。

黑蚱蝉

又名知了，属半翅目蝉科。食性杂，寄主植物多，分布很广。

学名：*Cryptotympana atrata*（Labricius）

为害状：主要是成虫产卵为害当年生枝条，造成大量爪状"卵窝"，致使被害枝梢失水枯死。夏、秋季此种为害状在树上特别明显。

黑蚱蝉产卵为害枝

黑蚱蝉为害柑橘造成枯梢

　　形态特征：成虫黑色或黑褐色，有光泽，被金色细毛。雌虫复眼淡黄色，中胸背板有2个淡赤褐色锥形斑。触角短，刚毛状。中胸发达，背面宽大，中央高，并有X形突起。雄虫腹部第一至二节有鸣器，鸣器膜状透明。翅透明，基部1/3为黑色。卵细长，乳白色，两端渐尖，腹面稍弯曲。末龄若虫黄褐色，前足发达，复眼突出。成虫每年5月下旬至8月出现，雌虫于6～8月产卵在枝梢的木质部内。

黑蚱蝉成虫

黑蚱蝉正在产卵

黑蚱蝉卵

黑蚱蝉蜕皮壳

　　发生规律：该虫完成1个世代需12～13年，除第一年以卵在被害枝条内过冬外，其他年份均以若虫在土壤中越冬。每年6月中下旬若虫在落日后出土，爬到树干或树干基部的树枝上蜕皮，若虫共蜕5次皮变为成虫。7月成虫开始产卵，8月为产卵盛期。

防治方法：①结合整形修剪，及时剪除产卵枯枝集中销毁。②根据蚱蝉成虫趋光特性，在每年6～7月成虫出现时夜间用火把或灯光诱捕成虫。③每年春在蚱蝉羽化前进行松土，翻出蛹室，清除若虫。④在5月底至6月初，利用蚱蝉羽化高峰期进行果园中耕除草，同时在树下撒施1.5%辛硫磷颗粒剂（每亩7千克），或地面喷施50%辛硫磷乳油800倍液，或50%啶虫脒水分散粒剂3 000倍液+5.7%甲氨基阿维菌素苯甲酸盐乳油2 000倍液。

蟪蛄

又名斑蝉、褐斑蝉，属半翅目蝉科。为害梨、苹果、桃、杏、山楂等果树。

学名： *Platypleura kaempferi* Fabricius

为害状： 主要是以成虫产卵于枝条上，造成当年生枝条死亡。

形态特征： 成虫头、胸部暗绿色至暗黄褐色，具黑色斑纹。腹部黑色，每节后缘暗绿或暗褐色。复眼大，头部3个单眼红色，呈三角形排列。触角刚毛状，前胸宽于头部，近前缘两侧突出，翅透明，暗褐色，前翅有不同浓淡的暗褐色云状斑纹，斑纹不透明，后翅黄褐色。卵梭形，乳白色渐变黄，头端比尾端略尖。若虫体长22毫米左右，黄褐色，有翅芽，形似成虫，腹背微绿，前足腿、胫节发达，有齿，为开掘足。

蟪蛄成虫

发生规律： 约数年发生1代，以若虫在土中越冬，每年5月至6月中下旬若虫在落日后出土，爬到树干或树干基部的树枝上蜕皮，羽化为成虫。刚蜕皮的成虫为黄白色，经数小时后变为黑绿色，成虫有趋光性。6～7月成虫产卵，产卵枝因伤口失水而枯死。

防治方法： 参考黑蚱蝉。

八点广翅蜡蝉

属半翅目广翅蜡蝉科。寄主有苹果、梨、桃、李、杏、梅、枣、栗、山楂、柑橘等。

学名：*Ricania spechlum* Walker

为害状：成、若虫喜于嫩枝和芽、叶上刺吸汁液，产卵于当年生枝条内，影响枝条生长，重者产卵部以上枯死，削弱树势。

形态特征：成虫体黑褐色，疏被白蜡粉，翅革质，密布纵横脉，呈网状，前翅宽大，略呈三角形，翅面被稀薄白蜡粉；翅上有6～7个白色透明斑。若虫体长5～6毫米，宽3.5～4毫米，体略呈钝菱形，翅芽处最宽，暗黄褐色，布有深浅不同的斑纹，体疏被白蜡粉，腹部末端有4束白色绵毛状蜡丝，呈扇状伸出，蜡丝覆于体背以保护身体，常可作孔雀开屏状，向上直立或伸向后方。

八点广翅蜡蝉产卵枝

八点广翅蜡蝉成虫

八点广翅蜡蝉初孵若虫

八点广翅蜡蝉卵块

八点广翅蜡蝉若虫

　　发生规律：1年发生1代，以卵产于枝条内越冬。山西5月间陆续孵化，浙江在5月中下旬至6月上中旬孵化，为害至7月下旬开始老熟羽化，7～8月产卵于嫩梢上越冬，产卵孔排成整齐的2纵列，孔外带出部分木丝并覆有白色绵毛状蜡丝。

　　防治方法：①适当修剪，防止枝叶过密荫蔽，以利通风透光。冬季结合修剪，剪除有卵块的枝集中处理。②在雨后或露水未干时，用竹帚扫落成虫、若虫，随即踏杀。③在若虫、成虫期喷80%敌敌畏乳油1 000倍液加0.2%洗衣粉以利展着（即混即喷），或用2.5%溴氰菊酯乳油2 500～3 000倍液，挑治喷杀成虫、若虫。

柿广翅蜡蝉

属半翅目广翅蜡蝉科。主要为害柚、柑橘、金橘、柿、梨、石榴、桂花、刺槐等。

学名：*Ricania sublimbata* Jacobi

为害状：参考八点广翅蜡蝉。

形态特征：成虫头、胸呈黑褐色，腹部呈黄褐至深褐色。前翅深褐色，前缘外方1/3处稍凹入，并有1个半圆形淡黄褐色斑；后翅暗黑褐色，半透明。翅面散生绿色蜡粉。

柿广翅蜡蝉成虫

柿广翅蜡蝉若虫

发生规律：1年发生2代，一代发生期为上年9月上旬至当年7月中旬；二代发生期为6月上旬至11月下旬。为害盛期一般在5月下旬至6月下旬及7月上旬至9月中旬。

防治方法：参考八点广翅蜡蝉。

碧蛾蜡蝉

又名绿蛾蜡蝉、黄翅羽衣、橘白蜡虫、碧蜡蝉，属半翅目蛾蜡蝉科。为害茶树、油茶、柑橘、柿、桃、李、杏、苹果、梨、葡萄、杨梅、桑等。

学名：*Geisha distinctissima*（Walker）

为害状：以成虫产卵为害枝条，严重时枝、茎、叶上布满白色蜡质，致使树势锐减。

形态特征：成虫黄绿色，顶短，向前略突，侧缘带脊状，褐色；额长大于宽，有中脊；复眼黑褐色，单眼黄色。前胸背板短，前缘中部呈弧形前突，达复眼前沿，后缘弧形凹入，背板上有2条褐色纵带；中胸背板长，上有3条平行纵脊及2条淡褐色纵带。腹部浅黄褐色，覆白粉。前翅宽阔，外缘平直，翅脉黄色，脉纹密布，似网状，红色细纹绕过顶角经外缘伸至后缘爪片末端。后翅灰白色，翅脉淡黄褐色。若虫体扁平，长形，腹末截形，绿色，被白蜡粉，腹末附白色长的绵状蜡丝。

碧蛾蜡蝉成虫

碧蛾蜡蝉成虫中胸上3条平行纵脊及2条淡褐色纵带

碧蛾蜡蝉若虫　　　　　　　　　　碧蛾蜡蝉若虫分泌物

发生规律：在广西1年发生2代，以卵越冬，也有的以成虫越冬。第一代成虫6～7月发生，第二代成虫10月下旬至11月发生，一般若虫发生期为3～11月。

防治方法：参考八点广翅蜡蝉。

白蛾蜡蝉

为害柑橘、荔枝、龙眼、桃、梅、李等。

学名：*Lawana imitata* Melicha

为害状：成虫、若虫群集于荫蔽的枝干上刺吸汁液，致树势衰弱。排出的蜜露还诱发煤烟病，影响光合作用。

形态特征：成虫中型，黄白色或淡绿白色，头尖，触角短小、刚毛状。复眼圆形，黑褐色。前胸背板较小，前缘向前突出，后缘向前凹陷；中胸背板上具3条纵脊。前翅略呈三角形，粉绿或黄白色，具蜡光，翅脉密布，呈网状，翅外缘平直，臀角尖而突出。径脉和臀脉中段黄色，臀脉中段分支处分泌蜡粉较多，集中于翅室前端呈一小点。后翅白或淡黄色，半透明。卵椭圆形，白色，集中产于枝条上。若虫体略扁平、白色，翅芽向身体后侧平伸，末端平截。腹端有成束的长蜡丝，体披白色绵絮状物。

白蛾蜡蝉成虫

　　发生规律：1年约发生2代，以成虫在茂密枝丛中越冬。第一代卵盛期见于3月下旬至4月中旬，若虫盛发于4～5月，第一代成虫始见于5月中旬；第二代卵盛期见于7月中旬至8月中旬，若虫盛发于7～8月，成虫于9～10月陆续出现，11月此代若虫均发育为成虫，随即以此代未性成熟的成虫越冬。

　　防治方法：参考八点广翅蜡蝉。

斑衣蜡蝉

　　属半翅目蜡蝉科。为害葡萄、山楂、苹果、柑橘、桃、梨、杏等。

　　学名：*Lycorma delicatula*（White）

　　为害状：以若虫和成虫刺吸嫩叶、枝梢汁液，造成嫩叶穿孔，树皮破裂，诱发煤烟病，影响光合作用，降低果品质量。

　　形态特征：成虫身体灰黄相间，披有较薄白色蜡粉；腹部背面各体节有黑斑。前翅基部2/3处呈淡灰褐色，散有20余个黑色小点，端部1/3呈烟黑色。脉纹灰褐色，后翅基部至后角鲜红色，中间有白色横带，端部1/3处黑色。初龄若虫黑色，有白点，末龄时身体红色，布有黑斑。

斑衣蜡蝉成虫

斑衣蜡蝉若虫

发生规律：1年发生1代，以卵越冬。在山东5月上中旬卵孵化为若虫，成虫于6月下旬出现，成虫、若虫都有群集性，弹跳力很强。

防治方法：参考八点广翅蜡蝉。

黑翅土白蚁

属等翅目白蚁科。

学名：*Odontotermes formosanus*（Shiraki）

为害状：黑翅土白蚁主要取食柑橘的根颈和树干的木质部，修筑孔道，使树体严重受伤，阻碍水分和营养物质流通，致使树势衰弱或死亡，老树受害尤为严重。

形态特征：兵蚁头部暗黄色，腹部淡黄色至灰白色。头部背面观卵形。上颚镰刀

黑翅土白蚁为害状

状，左上颚中点前方有1明显的齿，齿尖向前。触角15～17节，前胸背板前部窄，斜翘起，后部较宽，前缘及后缘中央有凹刻。有翅成虫头、胸、腹背面黑褐色，腹面棕黄色。前胸背板中央有一淡色的"十"字形纹，纹的两侧前方各有一椭圆形的淡色点，纹的后方中央有带分支的淡色点。翅长大，前翅鳞大于后翅鳞。卵乳白色，椭圆形。

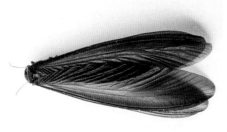

黑翅土白蚁成虫

黑翅土白蚁兵蚁

发生规律：有翅成蚁一般称为繁殖蚁。每年3月开始出现在巢内，4～6月在靠近蚁巢的地面出现羽化孔，羽化孔突圆锥状，数量很多。在气温达到22℃以上，空气相对湿度达95%以上的闷热暴雨前夕、傍晚前后从羽化孔成群爬出，经外飞、脱翅，雌、雄配对钻入土中建立新巢。黑翅土白蚁具有群栖性，无翅蚁有避光性，有翅蚁有趋光性。兵蚁专门保卫蚁巢，工蚁担负筑巢、采食和抚育幼蚁等工作。4～5月和9～10月(尤其在4月中下旬和8月下旬至9月初)为工蚁全年两次外出采食为害高峰。

防治方法：①在白蚁为害区域，挖深10厘米、直径50厘米的浅穴，用嫩草覆盖，每隔2～3天检查1次，如有白蚁，即用2.5%溴氰菊酯乳油2 000倍液杀灭，或用10%氯菊酯乳油800倍液喷施。②发现蚁路和分群孔，可选用70%灭蚁灵粉剂喷施蚁体，也可将在2.5%溴氰菊酯乳油100～200倍液中浸过的甘蔗粉用薄纸包成小包，放在树基部附近，上盖塑料薄膜，再盖上杂草等物，引诱白蚁取食而中毒致死。③在5～6月傍晚悬挂黑光灯诱杀有翅成蚁，尤以闷热天气为佳。

3.以为害花果为主的害虫

棉铃虫

别名玉米穗虫、棉桃虫、钻心虫、青虫、棉铃实夜蛾等，属鳞翅目夜蛾科。可为害玉米、棉花、番茄、豌豆、辣椒、黄秋葵、向日葵、花生、芝麻、豆类、瓜类及苹果、梨、柑橘、桃、李、葡萄、无花果、草莓及棉花等。

学名：*Helicoverpa armigera*（Hübner）

为害状：幼虫取食嫩梢和幼叶，呈孔洞和缺刻。为害柑橘幼果时，整个幼虫钻

棉铃虫为害柑橘果实

入果内，多造成落果，大果往往只是表层受害。也可啃食果皮，形成褐色干疤，并在果内缀丝，排留大量粪便，使果实不能食用。

形态特征：雌虫黄褐色，雄虫灰绿色。前翅具褐色环状纹及肾形纹，内横线为双线，褐色，锯齿形；外横线外有深灰色宽带，带上有7个小白点，肾形纹、环形纹暗褐色，端区各脉间生有黑点。后翅淡褐至黄白色，前缘有1个月牙形褐色斑，沿外缘有黑褐色宽带，宽带中央有2个相连的白斑。卵半球形，表面布满纵横纹，纵纹从顶部看有12条，初乳白后黄白色，孵化前深紫色。老熟幼虫体长40～50毫米，体色因食物或环境不同变化很大，由淡绿、淡红至红褐或黑紫色，以绿色型和红褐色型常见。背线明显，气门白色。绿色型体绿色，背线和亚背线深绿色，气门线浅黄色，体表面

棉铃虫成虫　　　　　　　　　　　棉铃虫幼虫

棉铃虫不同体色幼虫

棉铃虫蛹

布满褐色或灰色小刺。红褐色型体红褐或淡红色，背线和亚背线淡褐色，气门线白色，毛瘤黑色。腹足趾钩为双序中带，两根前胸侧毛连线与前胸气门下端相切或相交。气门上方有1褐色纵带，由尖锐微刺排列而成（烟青虫的微刺钝圆，不排成线）。幼虫腹部第一、二、五节各有2个的特别明显毛突。蛹黄褐色，腹末有1对臀刺，刺的基部分开。

发生规律： 辽宁、河北北部、内蒙古、新疆1年发生3代，黄河流域4代，长江流域5～6代，华南6代，云南7代，世代重叠，以蛹在植物根际附近的土中越冬。长江流域5～6月第一代、第二代是主要为害世代。在浙江，翌春气温达15℃以上时开始羽化，4月下旬至5月上旬为羽化盛期，第一代成虫出现在6月上中旬，第二代在7月上中旬，第三代在8月上中旬，第四代在9月上旬至下旬。成虫昼伏夜出，觅食、交尾、产卵多在黄昏和夜间进行，有趋光性，对黑光灯趋性强，2～3年生的杨树枝对成虫的诱集能力很强。喜温暖、潮湿，有较明显的趋嫩性，生长势旺、枝叶幼嫩茂密的植株易着卵。低龄幼虫取食嫩叶，二龄后蛀果，蛀孔较大，外具虫粪，有转移习性，幼虫三龄前多在果实表外面活动为害，这是施药防治的有利时机。幼虫有转株为害的习性，转移时间多在夜间和清晨。三龄以上幼虫有自相残杀习性。老熟幼虫在入土化蛹前数小时停止取食，从植株上滚落地面，多在落地处寻找疏松干燥的土壤钻入。老熟后入土，于土下3～9厘米处化蛹。成虫需在蜜源植物上取食作补充营养，第一代成虫发生期与番茄、瓜类作物花期相遇，加之气温适宜，因此产卵量大增，使第二代棉铃虫成为为害最严重的世代。

防治方法： ①不在果园间作棉花、番茄等棉铃虫嗜好植物，以免招引成虫产卵。②在棉铃虫发生严重的地区，于各代棉铃虫成虫发生期，在田间设置黑光灯、性诱剂或杨树枝把，可大量诱杀成虫。③生物防治。在棉铃虫卵盛期，人工饲养释放赤眼蜂或草蛉，发挥天敌的自然控制作用。也可在卵盛期喷施每毫升含100亿个孢子以上的Bt乳剂100倍液，或喷施棉铃虫核型多角体病毒（NPV）1 000倍液。④化学防治。可在幼虫三龄以前，用5%氯虫苯甲酰胺悬浮剂1 000～1 500倍液，或2.5%多杀霉素悬浮剂700～1 000倍液，或24%甲氧虫酰肼悬浮剂1 500～3 000倍液，或5%氟啶脲乳油1 500倍液，或4.5%高效氯氰菊酯乳油1 500倍液。隔10～12天喷1次，共喷2～3次。注意农药轮换使用。

柑橘花蕾蛆

又名柑橘瘿蝇、蕾瘿蝇、花蛆、算盘子、包花虫，属双翅目瘿蚊科。

学名：*Contarinia citri* Barnes

为害状：成虫产卵多在花蕾开始露白时，以幼虫在花蕾内蛀食其组织，使花药、花丝呈褐色。有虫花蕾外形较正常花蕾短，但横径显著增大，形似灯笼，常称"灯笼花"。花瓣略带绿色，并有绿色小点，导致被害花蕾不能正常开放和授粉，最后枯萎脱落，严重影响产量。

形态特征：成虫像小蚊，雌成虫体长1.5 ~ 2.0毫米，体暗黄褐色，虫体长有黑褐色

柑橘花蕾蛆为害花蕾

柑橘花蕾蛆为害造成的灯笼花与正常花

柑橘花蕾蛆在花蕾内为害

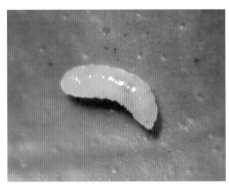

柑橘花蕾蛆幼虫

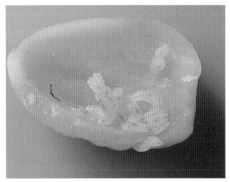

花瓣内的柑橘花蕾蛆幼虫

的细毛。复眼黑色，触角雌念珠状，雄哑铃状。翅膜质透明，呈金属闪光。卵长椭圆形，一端有1根胶质细丝。老熟幼虫体长约3毫米，初孵化时乳白色，渐变浅黄色，后期为橙红色。蛹黄褐色，纺锤形。

发生规律：在浙江1年发生1代，以老熟幼虫在土壤中越冬，翌年3月下旬化蛹，4月上中旬羽化出土。在四川3月中旬至4月中旬羽化出土，3月下旬至4月上旬为羽化盛期，幼虫于4月上中旬盛发。一般阴湿低洼橘园发生较多，壤土、沙壤土利于幼虫存活，发生较多，3～4月多阴雨有利于成虫发生，幼虫脱蕾期多雨有利于幼虫入土。

防治方法：防治花蕾蛆的关键是在成虫产卵前将其消灭，冬季深翻破坏其越冬场所，减少越冬虫口基数。①在开花期发现灯笼状畸形花蕾，立即人工摘除受害花蕾，集中于园外深埋或销毁。②地面撒药。在柑橘花蕾似绿豆大小或始露白期进行地面撒药，每亩选用50%辛硫磷乳油150～200克，拌细土20～25千克均匀撒施地面，或将50%辛硫磷乳油200毫升加水100千克浇于地面；也可用90%敌百虫晶体0.15千克加水20千克，或20%甲氰菊酯乳油3 000倍液喷洒树冠地面1～2次，每次间隔5天。③树冠喷药。在成虫羽化初期、产卵之前或花蕾刚露白时（3月下旬至4月上中旬），可采取树冠喷药来防治成虫产卵。选用75%灭蝇胺可湿性粉剂2 500～3 000倍液，或2.5%溴氰菊酯、氯氟氰菊酯乳油3 000倍液。选择无风，特别是雨后天晴的傍晚或早晨喷施树冠。喷药时做到树冠上、下、内、外周到均匀，每隔5～7天喷1次，共喷2～3次。重点是花蕾和叶背，地面和树冠同时喷药，效果更佳。

小青花金龟

又名小青花潜、花潜金龟子、食花金龟甲，属鞘翅目花金龟科。

学名：*Oxycetonia jucamda* Falder

为害状：成虫主要取食花，数量多时，常群集在花序上，将花瓣、雄蕊及雌蕊吃光，造成只开花不结果。也可食害果实。

形态特征：成虫暗绿色，体长12毫米左右，头部黑色，复眼、触角黑褐色，胸、腹部的腹面密生许多深黄色短毛。前胸背板翅鞘为暗绿色或赤铜色，并密布小刻点和浅黄色长绒毛，两侧刻点较粗密。小盾片近三角形。鞘翅上散生多个黄白色或红黄色斑纹，腹部两侧各有6个黄白色斑纹。卵白色，圆形。老熟幼虫头部较小，褐色，胴部乳白色，各体节多皱褶，末端圆钝，足细长。裸蛹，白色，尾端为橙黄色。

小青花金龟成虫

发生规律：1年发生1代，以幼虫、蛹在土中越冬。4月中旬至5月上旬是成虫活动为害盛期。集中食害花瓣、花蕊及柱头，在晴天多于上午10时至下午为害，日落后成虫入土潜伏。产卵多在腐殖质土中，6～7月出现幼虫。

防治方法：①利用成虫趋光性，设置黑光灯或频振式杀虫灯在夜间诱杀。②可利用其假死性，在清晨或傍晚振动树枝捕杀成虫。③将5%辛硫磷颗粒剂2.5～3千克，或50%辛硫磷乳油0.3～0.5千克，或乳状菌菌粉1.5千克兑细土配制成15～20千克毒土，撒施园中，或用10%氯氰菊酯乳油1500～2000倍液喷洒树冠下面，结合中耕除草翻入土中，毒杀幼虫。成虫密度大时于下午至黄昏进行树冠喷药，药剂可用50%辛硫磷乳油1000倍液，或2.5%氯氟氰菊酯乳油2000～3000倍液，或18.1%顺式氯氰菊酯乳油2000～3000倍液，或2.5%顺式氟氯氰菊酯乳油1500～2000倍液，或10%氟氯氰菊酯乳油3000～4000倍液。在成虫盛发期喷药，时间以下午至黄昏较好。

斑喙丽金龟

学名：*Adoretus tennimaculatus* Water

为害状：以成虫食叶成不规则缺刻或孔洞，以幼虫为害地下组织。

形态特征：成虫体长椭圆形，褐至棕褐色，腹部色泽常较深，全身密生黄褐色披针鳞片。头大，复眼大，唇基半圆形，前缘上卷，头顶隆拱，上唇下缘中部呈T形，延长似喙。前胸背板甚短阔，前、后缘近平行，侧缘弧形扩出，前侧角锐角，后侧角钝角，小盾片三角形。鞘翅有3条纵肋纹可辨，在纵肋纹Ⅰ、Ⅱ上常有3～4处鳞片密聚而呈白斑，端凸上鳞片常十分紧密而呈明显白斑，其外侧尚有1较小白斑。

斑喙丽金龟成虫交尾及为害状

发生规律：在江西南昌1年发生2代，以幼虫越冬。第一代成虫活动盛期在6月，第二代成虫盛发于8月。成虫白天潜藏于土中或叶背，黄昏始出而取食，午夜后至黎明前

斑喙丽金龟成虫

陆续潜入土中或藏于叶背。

防治方法：参考小青花金龟。

白星花金龟

又名白星金龟子、白星花潜、白纹铜花金龟。成虫为害柑橘、梨、苹果、桃、杏、李、葡萄、樱桃等果树。

学名: *Potosia brevitarsis* Lewis

为害状: 白星花金龟成虫为害芽主要啃食嫩尖,为害嫩叶呈缺刻状,为害幼果皮啃成伤痕。常数头至10余头群集食害虫伤果,将果实啃食成孔洞,致腐烂脱落。幼虫可为害幼根。

形态特征: 成虫体长18 ~ 24毫米,宽9 ~ 12毫米,体型中等,椭圆形,背面扁平,黑铜色,微带绿或紫色闪光,头方形,前胸背板梯形,小盾片长三角形,散布多个不规则白绒斑。前胸背板和鞘翅密布小刻点和不规则的白色毛斑10余个。腹面各腹节两侧均有1白色毛斑。卵椭圆形,乳白色,光滑。幼虫体长35毫米左右,肥大,头较小,褐色,胴部乳白色,弯曲呈C形。腹末节膨大,肛腹片上有2纵行刺毛,每行19 ~ 22根,排列呈倒U形。蛹长22毫米左右,卵圆形,头端钝圆,向后渐细,初乳白色,渐变黄褐色,羽化前暗褐色。

白星花金龟幼虫

白星花金龟成虫

发生规律：1年发生1代，以幼虫潜伏在土内越冬，成虫6～7月发生量较多。

防治方法：参考小青花金龟。

桃蛀螟

又名豹纹斑螟，属鳞翅目螟蛾科。幼虫为害桃、梨、苹果、杏、李、石榴、葡萄、山楂、板栗、枇杷等果树的果实，是一种多食性害虫。

学　名：*Dichocrocis puncti-feralis*（Guenée）

为害状：幼虫孵出后，多从萼洼蛀入，蛀孔外堆集黄褐色透明胶质及虫粪，受害果实常变色脱落。

形态特征：成虫全体黄色，前翅散生25～28个黑斑。雄虫

桃蛀螟为害状

腹末黑色。卵椭圆形，初产时乳白色，后变为红褐色，表面粗糙，有网状线纹。幼虫老熟时体长22～27毫米，体背暗红色，身体各节有粗大的褐色

桃蛀螟成虫

毛片。腹部各节背面有4个毛片，前两个较大，后两个较小。蛹黄褐色，腹部第五至七节前缘各有1列小刺，腹末有细长的曲钩刺6个。

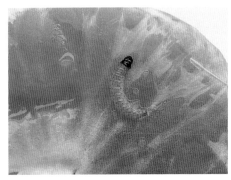

桃蛀螟低龄幼虫

桃蛀螟高龄幼虫

桃蛀螟蛹（背面）

桃蛀螟蛹（腹面）

发生规律： 长江流域1年发生4～5代，均以老熟幼虫在寄主残株内结茧越冬。化蛹多在萼洼处、两果相接处和枝干缝隙处等，结白色丝茧。

防治方法： ①冬、春季清除玉米、高粱、向日葵等遗株，集中销毁，结合整枝等农事操作人工消灭卵粒，还可以利用黑光灯诱杀成虫。②药剂防治的有利时机在第一代幼虫孵化初期（5月下旬）及第二代幼虫孵化初期（7月中旬）。要抓住孵化盛期至二龄盛期，幼虫尚未蛀入果内的防治适期，药剂可选用5%氟铃脲乳油1 000～2 000倍液，或16 000国际单位/毫克苏云金杆菌可湿性粉剂250～300倍液，或35%氯虫苯甲酰胺水分散粒剂10 000～12 000倍液，或2.5%氯氟氰菊酯、2.5%溴氰菊酯、10%联苯菊酯乳油2 000～4 000倍液喷雾。

橘大实蝇

又名柑橘大果实蝇、黄果蝇，幼虫称为柑蛆、蝇蛆。属双翅目实蝇科，为国际国内检疫对象。寄主植物仅限于柑橘类，主要为害甜橙、酸橙、红橘、温州蜜柑等。

学名：*Bactrocera minax*（Ender lein）

为害状：成虫产卵于果实内，幼虫蛀食果瓣，破坏果肉组织，形成蛆柑，引起早期脱落。

形态特征：成虫黄褐色，复眼金绿色，产卵管特长，触角具角芒，很长。翅透明，翅痣及翅端斑点均棕色。中胸背面有显著的"人"字形褐色斑纹，腹背中央有1条黑色纵纹。卵长椭圆形，乳白色。幼虫乳白色，前端小，后端大，与根蛆相似，口器黄色，吻钩黑色。蛹黄褐色，纺锤形。

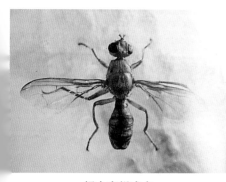

橘大实蝇成虫

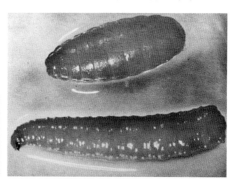

橘大实蝇幼虫及蛹

发生规律：1年发生1代，以蛹在土中越冬。成虫于4月下旬开始羽化出土，5月为盛期，产卵盛期为6月中旬至7月上旬。

防治方法：参考橘小实蝇。

橘小实蝇

又名东方实蝇、黄苍蝇，幼虫称为果蛆，属双翅目实蝇科，为国内检疫对象。主要为害柑橘、石榴、桃、李、杏、梨、苹果等250多种作物。

学名：*Bactrocera dorsalis*（Hendel）

为害状：幼虫为害果实，取食果瓣，使果实腐烂并造成大量落果。

橘小实蝇刺入孔

橘小实蝇为害处腐烂

形态特征：雌成虫深黑色，两复眼间黄色，单眼排列成三角形，额缝弯曲成钟罩形，近额缝两侧各有1个黑色大圆斑，触角具芒形，芒细长，胸部黄色，布有黑色和黄色短毛，前胸背板黑褐色，具2条黄色纵纹，腹部呈赤黄色，有"丁"字形黑纹。卵乳白色，棱形。幼虫黄白色，圆锤形。

橘小实蝇为害状

橘小实蝇成虫

近似种瓜实蝇成虫

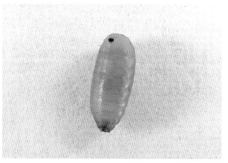

橘小实蝇幼虫　　　　　　　　　橘小实蝇蛹

　　发生规律：该虫一年四季均可繁殖，一般1年发生3～5代，在冬季较暖的地区无严格的越冬过程，在有明显越冬过程的地区以蛹越冬。发生不整齐，同一时期各种虫态并存。广东以5～10月发生量最大。

　　防治方法：①加强检疫。严禁从疫区内调运带虫的果实、种子和带土苗木。②在8月下旬至11月，巡视果园，摘除未熟先黄、黄中带红的被害果，捡拾落地果，挖50～60厘米的坑深埋。也可以用沸水煮5～10分钟，杀死果中的卵和幼虫。③诱杀成虫。在6～8月间橘大实蝇、橘小实蝇产卵前期，在橘园喷施敌百虫800倍液与3%红糖混合液，诱杀成虫。或在果实成熟前（转色初期）在树冠中上部悬挂黄色诱蝇板诱杀，隔15～20天更换，或视粘虫板虫量情况进行换新。或每亩用1%噻虫嗪饵剂80～100克定点投饵，共30～50个点，挂置于树冠下诱杀，每间隔25天换涂有新鲜饵剂的纸板1次，用1%吡虫啉饵剂每50米²投饵5～10克，将药剂直接装入诱瓶，挂于果树的背阴面1.5米左右高处，每7天换1次诱瓶内的药剂，或每亩用0.1%阿维菌素浓饵200～300毫升诱杀。④在幼虫脱果入土盛期和成虫羽化盛期地面喷洒50%辛硫磷乳油800～1000倍液，也可在主要为害期向树冠上喷洒80%敌敌畏乳油800～1000倍液。

柑橘吸果夜蛾

　　柑橘吸果夜蛾种类达46种以上，均属鳞翅目夜蛾科。为害柑橘、梨、兆、苹果、葡萄、龙眼、荔枝、柿、枇杷等多种果树。常见有鸟嘴壶夜蛾、古叶夜蛾、玫瑰巾夜蛾等。

　　为害状：成虫的口喙穿刺果实能力强，夜间飞来，以口器刺吸果实，留下针刺状食痕，2～3天后开始腐烂，最后导致落果。蛀果多为转色果或接近收获期果实。

吸果夜蛾为害状

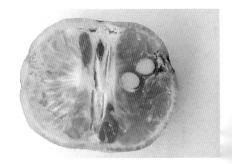

吸果夜蛾为害柚类　　　　　　　吸果夜蛾为害柑橘（前期）剖面

发生规律：吸果夜蛾1年发生4～5代，8月上旬至采果前均可为害柑橘。

（1）鸟嘴壶夜蛾

学名：*Oraesia excavata* Butler

形态特征：成虫头部、前胸及足赤橙色，中、后胸部淡褐色，腹部腹面灰黄色，背面灰褐色；前翅褐色带紫，翅尖向外缘突出，后翅淡褐色。下唇须前端尖长，形似鸟嘴。卵扁球形，表面密布纵纹，初产时黄白色。幼虫腹足（包括臀足）仅4对。第一龄头部黄色，体淡灰褐色，其余各龄体漆黑色，但体背面的黄色或白色斑纹处杂有大黄斑1个、小红斑数个、中红斑1个，呈纵线状排列。蛹赤褐色，体表密布小刻点，腹部五至七节前缘有1横列深刻纹。

鸟嘴壶夜蛾成虫侧面观

鸟嘴壶夜蛾成虫

（2）枯叶夜蛾

学名：*Adris tyrannus* Guenée

形态特征：成虫头、胸部棕褐色，腹部杏黄色，触角丝状。前翅色似枯叶，深棕微绿，顶角尖，外线弧形内斜，后缘中部内凹，从顶角至后线内凹处有1条黑褐色斜线，内线黑褐色，翅脉上有许多黑褐色小点，翅基部及中央有暗绿色圆纹。后翅杏黄色，中部有1肾形黑斑，其前端至 M_2 脉，亚端区有1牛角形黑纹。幼虫一、二腹节弯曲，第八腹节隆起。头红褐色，体黄褐或灰褐色，背线、亚背线、气门线、亚腹线和腹线均为暗褐色。第二、三腹节亚背面有1眼形斑，中间黑色并具月牙形白纹，其外围黄白色，绕有黑圈。

枯叶夜蛾成虫

枯叶夜蛾幼虫

（3）玫瑰巾夜蛾

学名：*Parallelia arctotaenia* Guenée

形态特征：成虫体褐色。前翅赭褐色，翅中间具白色中带，中带两端具赭褐色点；顶角处有从前缘向外斜伸的白线1条，外斜至第1中脉。后翅褐色，有白色中带。卵球形，黄白色。幼虫青褐色，有赭褐色不规则斑纹，腹部第一节背面具黄白色小眼斑1对，第八节背面有黑色小斑1对，第一对腹足小，臀足发达。蛹红褐色，被有紫灰色蜡粉，尾节有多数隆起线。

玫瑰巾夜蛾成虫

（4）小造桥虫

学名：*Anomis flava*（Fabricius）

形态特征：成虫头、胸部橘黄色，腹部背面灰黄至黄褐色；前翅雌淡黄褐色，雄黄褐色。触角雄栉齿状，雌丝状。前翅外缘中部向外突出呈角状，翅内半部淡黄色，密布红褐色小点，外半部暗黄色。亚基线、内线、中线、外线棕色，亚基线略呈半椭圆形，内线外斜并折角，中线曲折，末端与内线接近，亚端线紫灰色锯齿状，环纹白色并环有褐

小造桥虫成虫

边，肾纹褐色，上、下各具1黑点。卵扁椭圆形，青绿至褐绿色。幼虫头淡黄色，体黄绿色。背线、亚背线、气门上线灰褐色，中间有不连续的白斑，以气门上线较明显。气门长卵圆形，气门筛黄色，围气门片褐色。第一对腹足退化，第二对较短小，爬行时虫体中部拱起，似尺蠖。蛹红褐色。

小造桥虫幼虫 小造桥虫蛹

防治方法：柑橘上的几种吸果夜蛾防治方法相同。①铲除橘园周围的幼虫寄主木防己、汉防己等，可以减轻为害。②将剥皮果实浸在30倍50%乙基辛硫磷乳油中3分钟，再挂在柑橘园内诱杀吸果夜蛾。③安装黑光灯、高压汞灯或频振式诱杀灯。灯高2米，灯下放木盆，盆内盛水，加一点柴油或煤油。④果实套袋。早熟薄皮品种在8月中旬至9月上旬用纸袋包裹，套袋前应防治锈壁虱。中熟品种可在10月中上旬进行。⑤药剂防治。开始为害时喷洒5.7%氟氯氰菊酯乳油1 200倍液或2.5%氯氟氰菊酯乳油2 000～3 000倍液。

同型巴蜗牛

又名小螺丝、触角螺，属软体动物门腹足纲有肺目大蜗牛科。

学名：*Bradybaena similaris*（Ferussac）

为害状：以成螺和幼螺取食柑橘嫩叶、嫩茎及果实皮层，呈不规则凹陷状。

蜗牛为害果实

　　形态特征：成螺黄褐色，扁球形，上有褐色花纹，具5～6个螺层，肉体柔软，头上有2对触角，背上有1个黄褐色的螺壳，休息时身体缩在螺壳内。卵白色，球形，有光泽，孵化前为土黄色。幼螺体较小，壳薄，半透明，淡黄色，形似成螺，常群集成堆。

同型巴蜗牛成螺

　　发生规律：1年发生1代，以成螺或幼体在冬作物土中或作物秸秆堆下或以幼体在冬作物根部土中越冬。翌年4～6月间产卵，5月上旬至7月底为卵孵化期。主要为害期是5～7月和9～12月。

　　防治方法：①及时清除橘园杂草，及时中耕，排出积水。②在蜗牛发生期放鸡、鸭啄食。③药剂防治应在蜗牛大量出现又未交配产卵的4月上中旬和大量上树前的5月中下旬进行。每亩可用6%四聚乙醛颗粒剂465～665克，或10%多聚乙醛颗粒剂1千克，或5%四聚·杀螺胺颗粒剂500～600克，拌土10～15千克，在蜗牛盛发期的晴天傍晚撒施。

野蛞蝓

又名鼻涕虫，属软体动物门腹足纲柄眼目蛞蝓科。

学名：*Agriolima agrestis*

为害状：以幼贝和成贝刮食叶片、枝条和幼果，造成缺刻和虫痕。

野蛞蝓及为害状

形态特征：成贝雌雄同体，纺锤形，裸露，无外壳，黑褐色或灰褐色。头前端有2对触角，能收缩，暗黑色。眼长在后触角顶端，黑色。头前方有口，腹足扁平，爬过的地方留有白色光亮痕迹。幼贝体形同成贝，稍小。卵椭圆形，透明，卵棱明显，常以数粒或数十粒聚集成堆。

野蛞蝓成贝

发生规律：以成贝或幼贝在植物根部土壤中越冬，在南方每年4～6月和9～11月为2个活动高峰期，在北方7～9月为害较重。喜欢在潮湿、低洼橘园中为害。梅雨季节是为害盛期。

防治方法：参考同型巴蜗牛。

三、柑橘害虫天敌

用残叶伪装的草蛉幼虫

草蛉成虫

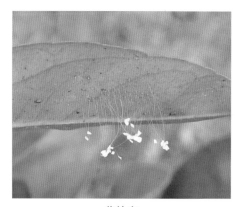

草蛉卵

草蛉幼虫

食蚜蝇幼虫

食蚜蝇成虫

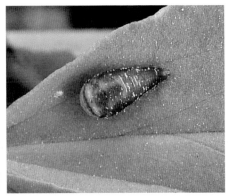

食蚜蝇蛹

八斑球腹蛛

鳞纹肖蛸幼蛛

草间钻头蛛（左）和鳞纹肖蛸雌蛛

盲　蛛

茶色新园蛛

赤条狡蛛雌蛛

黄斑圆蛛

三突花蛛

四点亮腹蛛

线纹猫蛛

艳大步甲

被蜘蛛网住的蟪蛄成虫

四星瓢虫

异色瓢虫成虫

龟纹瓢虫交尾

龟形瓢虫成虫

厉蝽捕食凤蝶幼虫

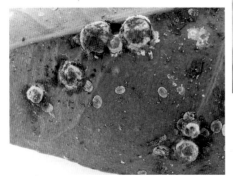

柑橘粉虱座壳孢

瓢虫取食吹绵蚧

瓢虫取食粉蚧

七星瓢虫成虫　　　　　　　　四斑月瓢虫成虫

螳螂成虫　　　　　　　　　　螳螂若虫

参考文献

北京农业大学等, 1981. 果树昆虫学(下册). 北京: 中国农业出版社.

刘乾开, 朱国念, 1993. 新编农药使用手册. 上海: 上海科学技术出版社.

吕佩珂, 苏慧兰, 庞震, 等, 2002. 中国果树病虫原色图谱. 北京: 华厦出版社.

邱强, 罗禄怡, 蔡明段, 1994. 原色柑橘病虫图谱. 北京: 中国科学技术出版社.

任伊森, 蔡明段, 2003. 柑橘病虫草害防治彩色图谱. 北京: 中国农业出版社.

任伊森, 陈道茂, 陈卫民, 1989. 柑橘病虫害防治实用手册. 上海: 上海科学技术出版社.

王国平, 窦连登, 2002. 果树病虫害诊断与防治原色图谱. 北京: 金盾出版社.

俞立达, 崔伯法, 1995. 柑橘病害原色图谱. 北京: 中国农业出版社.

虞轶俊, 陈道茂, 陈卫民, 2001. 新编柑橘病虫害. 上海: 上海科学技术出版社.

浙江农业大学, 1980. 农业植物病理学(下册). 上海: 上海科学技术出版社.

浙江农业大学, 1987. 农业昆虫学(下册). 上海: 上海科学技术出版社.

邹锺琳, 曹骥, 1983. 中国果树害虫. 上海: 上海科学技术出版社.